工业和信息化精品系列教材
人工智能技术

深度学习
与图像处理实战

罗颖 赖国明 ◉ 主编

汪卫兵 李春华 冯敬益 ◉ 副主编

DEEP LEARNING
AND IMAGE PROCESSING

人民邮电出版社
北 京

图书在版编目（CIP）数据

深度学习与图像处理实战 / 罗颖，赖国明主编. --
北京 : 人民邮电出版社，2022.8（2023.10重印）
工业和信息化精品系列教材. 人工智能技术
ISBN 978-7-115-59480-8

Ⅰ. ①深… Ⅱ. ①罗… ②赖… Ⅲ. ①图像处理软件
－高等职业教育－教材 Ⅳ. ①TP391.413

中国版本图书馆CIP数据核字(2022)第104141号

内 容 提 要

本书介绍了深度学习的历史、学习深度学习模型所需要的数学基础、深度学习模型的基本组成和常用深度学习模型的应用。本书共 12 章，第 1～5 章介绍深度学习基础、深度学习环境的安装与使用、神经网络的数学基础、搭建一个简单的神经网络、模型评估及模型调优等，第 6～12 章介绍 VGG 网络实现猫狗识别、ResNet 实现手势识别、搭建 MobileNet 实现电表编码区域检测、FCN 实现斑马线分割、基于 U-Net 的工业缺陷检测、GAN 图像生成、ACGAN 生成带标签图片等多个综合实例，通过在实践中融入理论，帮助读者掌握深度学习的概念和应用开发。

本书可以作为高职高专院校人工智能相关专业的教材，也可以作为人工智能领域相关培训教材，并适合想入门深度学习的人员和广大人工智能爱好者自学使用。

◆ 主　编　罗　颖　赖国明
　　副 主 编　汪卫兵　李春华　冯敬益
　　责任编辑　赵　亮
　　责任印制　王　郁　焦志炜
◆ 人民邮电出版社出版发行　　北京市丰台区成寿寺路 11 号
　　邮编　100164　电子邮件　315@ptpress.com.cn
　　网址　https://www.ptpress.com.cn
　　固安县铭成印刷有限公司印刷
◆ 开本：787×1092　1/16
　　印张：10.25　　　　　　　　2022 年 8 月第 1 版
　　字数：257 千字　　　　　　 2023 年 10 月河北第 2 次印刷

定价：39.80 元

读者服务热线：(010)81055256　印装质量热线：(010)81055316
反盗版热线：(010)81055315
广告经营许可证：京东市监广登字 20170147 号

前言 PREFACE

深度学习技术自 2006 年开始已经发展了十多年，目前深度学习在计算机视觉、搜索技术、数据挖掘、机器学习、机器翻译、自然语言处理、多媒体学习、智能推荐，以及其他相关领域都取得了很多成果。深度学习使机器能够模仿视听和思考等人类的活动，解决了很多复杂的模式识别难题，使得人工智能相关技术取得了很大进步。并且，随着相关的开发技术、框架、工具的日益成熟与丰富，以及相关应用的数量日益增多，深度学习市场规模不断扩大。深度学习课程已成为高职高专院校人工智能技术应用专业必修的关键性课程之一。

本书以深度学习的计算机视觉为主要方向，阐述深度学习的多个应用场景以及学习深度学习所必需的前置知识，并且以 TensorFlow 为主要的开发框架，介绍计算机视觉中主流技术的实现。读者在学习本书的过程中，不仅能够学习到基础知识，还能够将理论知识快速地转换成实战经验。

本书编者有着多年的实际项目开发经验，并有着丰富的高职高专教育教学经验，完成了多轮次、多类型的教学改革与研究工作。

本书主要特点如下。

1. 基础理论和实践开发相结合

为了让读者能够快速地掌握相关理论以及技术并且将其投入实际使用中，本书在前 5 章中引入深度学习的前置知识，并一一解析。在第 6～12 章中设置深度学习的多个应用场景，使读者能够快速地将理论知识转换成实战经验。

2. 合理、有效的组织

本书按照由浅入深的顺序，在逐渐丰富系统功能的同时，引入相关技术与知识，实现技术讲解与训练合二为一，有助于"教、学、做一体化"教学的实施。

3. 覆盖面广

本书覆盖深度学习图像识别的多个应用方向，如图像识别、目标检测、图像分割、图像生成等。

为方便读者使用，书中全部实例的源码及电子教案均免费赠送给读者，读者可登录人民邮电出版社教育社区（www.ryjiaoyu.com）下载。

本书由罗颖、赖国明任主编，汪卫兵、李春华、冯敬益任副主编，孟舫也参与了本书的编写工作。本书由广州云歌信息科技有限公司李伟斌、詹剑鹏提供技术指导。

由于编者水平有限，书中不妥或疏漏之处在所难免，殷切希望广大读者批评指正。编者联系方式：icom99@sina.com。

编者

2022 年 6 月

目录 CONTENTS

第1章
深度学习基础

深度学习是近年来非常热门的人工智能技术之一，但是它并不是一个崭新的领域，它的起源可以追溯到 20 世纪 50 年代末。随着科学工作者坚持不懈的努力，深度学习技术已经在图像、语音、文本等多个领域得到广泛应用，未来，深度学习的应用将更加成熟。

1.1 深度学习的定义

深度学习是机器学习的一个分支，是一种基于数据进行表征学习的算法，是一种模仿生物的神经网络并能够自适应学习的算法。深度学习是通过组合低层特征形成更加抽象的高层表示属性类别或特征，从大量的输入数据中学习有效特征表示，以发现数据的分布式特征表示，并把这些特征用于回归、分类和信息检索的一种技术。深度学习的思想就是反复堆叠多个神经网络的隐藏层，即以上一层的输出作为下一层的输入，通过这种方式，对输入信息进行分级表达。

1.2 深度学习的特点

深度学习相比传统的机器学习在学习能力和适应性上有较大的提升，传统机器学习的特征是根据人为设定的规则进行提取，学习到的特征比较有限，深度学习的深度神经网络可以提取传统机器学习无法提取的特征。在适应性方面，传统机器学习的稳定性也是无法和深度学习相比较的，同样完成一个图像识别任务，传统机器学习受背景和光照等条件影响，识别出错的可能性很高，而深度学习的识别结果并没有因为这些因素产生较大的误差波动。

深度学习虽然有很多优势，但也会受一些条件的制约。深度学习的计算量非常大，对高性能硬件的依赖性较强，大规模的图形处理器（Graphics Processing Unit，GPU）运算是深度学习训练必备的硬件基础，如果采用传统的中央处理器（Central Processing Unit，CPU）运算，则效率相差甚远；深度学习的模型复杂度很高，而且这些模型的优化缺乏完整的数学理论，很多模型的优化必须通过实践来尝试完成，所以深度学习理论是不完整的。

1.3 深度学习的历史

深度学习的历史很漫长，其经历了一个曲折的发展过程，大致可以分为 3 个阶段：起源、发展和爆发。

1.3.1　深度学习的起源

1957 年，美国康奈尔大学的心理学教授罗森布拉特（Rosenblatt）制作的电子感知机能识别图像中的字母，在当时引起轰动。罗森布拉特于 1958 年正式提出了由两层神经元组成的神经网络，将其称为"感知机"。感知机本质上是一种线性模型，可以对输入的训练集数据进行二分类，且能够在训练集中自动更新权值。感知机的提出引起大量科学家对人工神经网络研究的兴趣，这对神经网络的发展具有里程碑式的意义。

随着研究的深入，1969 年，马文·明斯基（Marvin Minsky）和西蒙·派珀特（Seymour Papert）在他们合著的《感知机》中证明了单层感知机无法解决线性不可分问题，由于这个致命的缺陷，神经网络的发展陷入停滞。

1.3.2　深度学习的发展

1986 年，杰弗里·辛顿（Geoffrey Hinton）提出了一种适用于多层感知机的反向传播算法——BP 算法，完美地解决了非线性分类问题，让人工智能的发展再次受到业界的广泛关注。但是，BP 算法会出现"梯度消失"的问题，这再次让神经网络算法的发展受到限制。1989 年，罗伯特·赫克特·尼尔森（Robert Hecht Nielsen）证明了多层感知机的万能逼近定理，该定理的发现极大地鼓舞了神经网络的研究人员。

1989 年以后，由于神经网络算法一直缺少相关的数学理论，神经网络的发展再次进入瓶颈期。

1.3.3　深度学习的爆发

2006 年，杰弗里·辛顿、杨立昆（Yann LeCun）、约书亚·本吉奥（Yoshua Bengio）发表了"深度置信网络的快速学习方法"（*A Fast Learning Algorithm for Deep Belief Nets*），给出了"梯度消失"的解决方法，该方法的提出在学术研究领域产生巨大影响，并迅速蔓延到工业界。

2010 年，美国斯坦福大学教授李飞飞创建了 ImageNet 数据库，并把 ImageNet 开源，为深度学习的发展提供了一个舞台。从 2010 年开始，ImageNet 每年都会举办一次视觉识别挑战赛——ImageNet 大规模视觉识别挑战赛（ImageNet Large Scale Visual Recognition Challenge，ILSVRC）。

2012 年，ILSVRC 中，杰弗里·辛顿领导的小组采用深度学习模型 AlexNet 一举夺冠。AlexNet 吸引了众多研究者的注意，大批的研究者投入到深度学习的研究当中，更准确的深度神经网络和更深的深度神经网络不断出现。

2014 年，Facebook 公司基于深度学习技术的 DeepFace 项目，在人脸识别方面的准确率已经能达到 97% 以上，与人类识别的准确率几乎没有差别。

2016 年，随着 Google 公司基于深度学习开发的 AlphaGo 以 4∶1 的比分战胜国际围棋棋手李世石，深度学习一时达到前所未有的热度。

2017 年，基于强化学习算法的 AlphaGo 升级版 AlphaGo Zero 横空出世，以 100∶0 的比分轻而易举地打败了之前的 AlphaGo，再一次证明了深度学习所取得的巨大成功。

1.4 深度神经网络概述

自从 AlexNet 在 ILSVRC 中夺冠以来，越来越多的深度神经网络在不同的研究领域超过了传统的机器学习算法，吸引着大批研究人员和工业界的大公司参与到深度学习的研究进程。这里介绍一些比较有代表性的深度神经网络。

1.4.1 VGGNet

VGGNet 是由英国牛津大学计算机视觉组和 DeepMind 团队研究员一起研发的深度卷积神经网络。它探索了卷积神经网络的深度和其性能之间的关系，通过反复地堆叠 3×3 的小型卷积核和 2×2 的最大池化层，成功地构建了 16～19 层的卷积神经网络。VGGNet 获得了 2014 年 ILSVRC 的亚军和定位项目的冠军，在 ILSVRC 公开数据集上的错误率为 7.5%。到目前为止，VGGNet 依然被用来提取图像的特征。

1.4.2 GoogLeNet

GoogLeNet 是 Google 团队为了参加 2014 年的 ILSVRC 而精心准备的，是 2014 年 ILSVRC 的冠军。VGGNet 继承了 AlexNet 的一些框架结构，而 GoogLeNet 则做了更加大胆的网络结构尝试，虽然其深度只有 22 层，但大小却比 AlexNet 和 VGGNet 小很多。GoogLeNet 参数为 500 万个，AlexNet 参数数量约是 GoogLeNet 的 12 倍，VGGNet 参数数量又约是 AlexNet 的 3 倍，因此在内存或计算资源有限时，GoogLeNet 是比较好的选择。从模型结果来看，GoogLeNet 的性能更加优越。

1.4.3 ResNet

残差神经网络（Residual Neural Network，ResNet）由微软研究院的何恺明（Kaiming He）等 4 人提出，通过使用 ResNet Unit 成功训练出了 152 层的神经网络，并在 2015 年的 ILSVRC 中取得冠军，在 ILSVRC 公开数据集上的错误率为 3.57%，同时参数数量比 VGGNet 少，效果非常突出。ResNet 的结构可以加速神经网络的训练，模型的准确率也有比较大的提升。同时，ResNet 的推广性非常好，甚至可以直接用到 GoogLeNet 中。

1.4.4 FCN

乔纳森·朗（Jonathan Long）在 2015 年发表了一篇论文"用于语义分割的全卷积网络"（Fully Convolutional Networks for Semantic Segmentation），被称为语义分割（Semantic Segmentation）的"开山之作"，获得了 2015 年《计算机视觉与模式识别》（Computer Vision and Pattern Recognition，CVPR）期刊的最佳论文奖提名，论文中的深度神经网络——全卷积网络（Fully Convolutional Network，FCN）可用于像素级的分割和预测。

1.4.5 U-Net

U-Net 是一个用于二维图像分割的卷积神经网络，分别赢得了 2015 年的 IEEE 国际生物医学成像（International Symposium on Biomedical Imaging，ISBI）研讨会细胞追踪挑战赛和龋齿检测挑战赛的冠军。U-Net 也是一种 FCN，在医学上使用非常广泛。它是一个全卷积神经网络，输入和输出都是图像，没有全连接层，较浅的高分辨率层用来解决像素定位的问题，较深的层用来解决像素分类的问题。

1.4.6 Mask R-CNN

2017 年，何恺明提出了 Mask R-CNN，用于图像的语义分割，该网络建立在目标定位网络 Faster R-CNN 的基础上，在现有的边界框识别分支基础上添加一个并行的预测目标掩码的分支，能做到像素级分割，并在当年 COCO 数据集所有的挑战赛中获得了最优结果，包括实例分割、边界框目标检测和人体关键点检测。

1.4.7 YOLO

YOLO 代表的是一系列算法，是基于深度神经网络的对象识别和定位的算法，其最大的特点是运行速度很快，可以用于实时系统。现在 YOLO 已经从第 1 版发展到第 5 版，不过新版本也是在原有版本基础上不断改进和演化的。YOLO 创造性地将候选区和对象识别这两个阶段合二为一，这种设计使得算法的训练非常简便，其本质上是一种基于回归的深度神经网络算法。

1.5 深度学习的应用

本节将简要介绍一些深度学习的典型应用。深度学习在图像、声音、文本领域都取得了巨大的成功，下面就介绍一些典型的应用实例。

1.5.1 图像领域

卷积神经网络最初就是应用在图像领域，图像领域是目前深度学习最成功的应用领域之一。

1. 图像分类

图像分类是计算机视觉中重要的基础问题，后面提到的其他应用也是以它为基础的。例如，人脸识别、图片鉴黄、相册的自动分类等。相册的自动分类如图 1-1 所示。

图 1-1　相册的自动分类

2. 目标检测

目标检测任务的目标是给定一幅图像或一个视频帧,让计算机找出其中所有目标的位置,并给出每个目标的具体类别。人和动物的目标检测实例如图 1-2 所示。

图 1-2 目标检测实例

3. 语义分割

语义分割是将整幅图像分成像素组,然后对像素组进行标记和分类。语义分割试图在语义上理解图像中每个像素是什么(人、车、狗、树……),语义分割实例如图 1-3 所示。

图 1-3 语义分割实例

4. 视频分类

与语义分割不同的是,视频分类的对象不再是静止的图像,而是一个由多帧图像构成的,包含语音数据、运动信息等的视频对象,计算机理解视频需要获得更多的上下文信息,不仅要理解每帧图像是什么、包含什么,还需要结合不同帧,知道上下文的关联信息。视频分类实例如图 1-4 所示,包含一组从视频中抽取的图,捕捉的是人正在弹奏乐曲的画面。

图 1-4 视频分类实例

5. 人体关键点检测

人体关键点检测是指通过人体关键点的组合和追踪来识别人的运动和行为,对于描述人体姿态、预测人体行为至关重要。人体关键点检测结果如图 1-5 所示。

图 1-5 人体关键点检测结果

6. 场景文字识别

场景文字识别是在图像背景复杂、分辨率低、字体多样、分布随意等情况下,将图像信息转化为文字序列的过程。图 1-6 就是一本书的封面图片的场景文字识别结果。

序号	内容
1	思考，快与慢
2	[美]丹尼尔·卡尼曼◎著 胡晓姣李爱民何梦莹译

图 1-6　图片场景文字识别结果

7. 目标跟踪

目标跟踪是指在特定场景跟踪某一个或多个特定感兴趣对象的过程。传统的应用就是视频和真实世界的交互，在检测到初始对象之后进行观察。无人驾驶里就会用到这个技术。

目标跟踪实例如图 1-7 所示。

图 1-7　目标跟踪实例

8. 图像风格迁移

图像风格迁移就是分析某一种风格的图像，把这种图像的风格应用在其他图像上。图 1-8 中左边的人像应用了中间图像的风格，输出后的图像的风格就与中间图像的风格相似。

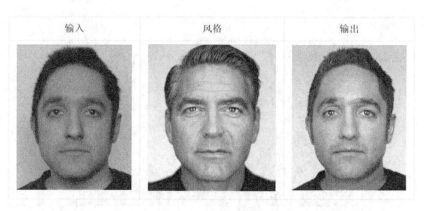

图 1-8　图像风格迁移

9. 图像文字说明

图像文字说明就是生成图像的文字描述，也称为看图说话。将一张图的内容用一句话描述出来，如图 1-9 所示。

一名女网球运动员在场上比赛　　　　　一群男子在踢足球　　　　　一名男子在用冲浪板冲浪

棒球比赛正在进行中　　　　　一只棕熊站在绿色田野上　　　　　一个人手里拿着手机

图 1-9　图像文字说明

1.5.2　声音领域

声音实际上是一种波，声音识别最终会转换成音素的识别，目前市场上已经出现了很多成熟的声音识别应用。

1. 语音搜索

搜索内容直接以语音的方式输入，应用于网页搜索、车载搜索、手机搜索等各种搜索场景。语音搜索解放了双手，让搜索更加高效，适用于视频网站、智能硬件、手机厂商等多个领域，如图 1-10 所示。

图 1-10　语音搜索

2．资讯播报

资讯播报可以为新闻资讯播报场景打造特色音库，让手机、音箱等设备能使用专业主播的配音，改进用户体验，如图 1-11 所示。

图 1-11　资讯播报

3．语音输入

语音输入打破生僻字和拼音障碍，使用语音即时输入。略带口音的普通话、各地方言或者英文，均可有效识别，并可根据句意自动纠错、自动断句、添加标点，如图 1-12 所示。

图 1-12　语音输入

4．二次字幕编辑

直播时，直播软件可以直接将主播的说话内容实时转写为字幕展示在屏幕上，或者可进行二次字幕编辑。

5. 实时会议记录

在多人会议场景中，每个发言人的语音可以实时被记录并保存，提升会议记录效率。

6. 课堂音频识别

对教师课堂教学内容进行实时记录，校方可以根据教学内容记录进行教学质量评估，如图 1-13 所示。

图 1-13　课堂音频识别

7. 音频内容分析

将大量对话录音识别为文字，并对内容进行持续分析与监控，及时发现有风险、违规的内容，或发掘潜在营销机会。

8. 语音机器人

代替传统人工进行电话外呼、回访、通知，高仿真模拟真人坐席，大幅节约人力成本。

9. 语音助手

在会议室预订、功能指令等短语音交互场景中，可通过手机 App 实现智能语音交互，通过训练业务场景所需识别的词汇和句子，提升识别效果，提高流程效率，如图 1-14 所示。

图 1-14　语音助手

1.5.3 文本领域

在文本领域，自然语言处理技术一直是一个比较热门的研究方向，该方向一直推陈出新，衍生出了很多新的技术和应用。

1．专有名词挖掘

通过词语间的语义相关性计算寻找人名、地名、机构名等词的相关词，扩大专有名词的词典，更好地辅助文本搜索应用。

2．知识发掘

对大规模非结构化文本数据进行句法结构分析，从中抽取实体、概念、语义关系等信息，帮助构建领域知识或世界知识。

3．语言结构匹配

基于句法结构信息进行语言的匹配计算，帮助提升文字搜索的准确率。

4．新闻推荐

通过用户刚刚浏览的新闻标题，检索出其他的相似新闻推荐给用户。

5．用户头像审核

针对用户头像进行多维度的图像审核，对图像中人脸的角度、遮挡、占比、清晰度等进行审核，确保图像中包含清晰的人物正脸、非明星/卡通人脸，并且无色情、暴恐、政治敏感、微商广告、各类联系方式等内容，筛选适合作为头像的图像，保障用户使用体验。

6．话题聚合

根据文章计算的标签，聚合相同标签的文章，便于用户对同一话题的文章进行全方位的阅读。

7．闲聊机器人

识别用户在聊天中的情绪，帮助机器人产品选择出更匹配用户情绪的文本进行回复。

8．快递单据识别

解析并提取快递单据中的文本信息，输出标准、规范的结构化信息（包含姓名、电话、地址），其中地址能够自动将街道及行政区的信息补全，帮助快递或电商企业提高单据处理效率。

9．视频内容审核

配合关键帧提取技术对视频帧中的图像、字幕进行审核，搭配语音识别和敏感声音检测技术对视频内容进行全面的审核。

1.6 深度学习的未来趋势

（1）深度神经网络呈现出层数越来越多、结构越来越复杂的发展趋势。为了不断提升深度神经网络的性能，业界从网络深度和网络结构两方面持续进行探索。深度神经网络的层数已扩展到上百层甚至上千层，随着网络层数的不断加大，其学习效果也越来越好，2015 年 Microsoft 公司提出的 ResNet 以 152 层的网络深度在图像分类任务上的准确率首次超过人眼。同时，新的网络设计结构不断被提出，使得深度神经网络的结构越来越复杂。

（2）深度神经网络节点功能不断丰富。为了克服目前深度神经网络存在的局限性，业界探索并提出了新型深度神经网络节点，使得深度神经网络的功能越来越丰富。2017 年，杰弗里·辛顿提出了胶囊网络的概念，采用胶囊作为网络节点，理论上更接近人脑的行为，其旨在突破卷积神经网络没有空间分层和推理能力等局限性。2018 年，DeepMind、Google 大脑、MIT 的学者联合提出了图网络的概念，定义了一类新的模块，具有关系归纳偏置功能，旨在赋予深度学习因果推理的能力。

（3）深度神经网络工程化应用技术不断深化。深度神经网络模型大都具有上亿的参数量和数百兆的占用空间，运算量大，难以部署到智能手机、摄像头和可穿戴设备等性能和资源受限的终端类设备上。为了解决这个问题，业界采用模型压缩技术降低模型参数量和减小尺寸，减少运算量。目前采用的模型压缩技术包括对已训练好的模型做修剪（如剪枝、权值共享和量化等）和设计更精细的模型（如 MobileNet 等）两类。深度学习算法建模及调参过程烦琐，应用门槛高。为了降低深度学习的应用门槛，业界提出了自动化机器学习（Automated Machine Learning，AutoML）技术，可实现深度神经网络的自动化设计，简化使用流程。

（4）深度学习与多种机器学习技术不断融合发展。深度学习与强化学习融合发展诞生的深度强化学习技术，结合了深度学习的感知能力和强化学习的决策能力，弥补了强化学习只适用于低维离散状态的缺陷，可直接从高维原始数据学习控制策略。为了降低深度神经网络模型训练所需的数据量，业界引入了迁移学习的思想，从而诞生了深度迁移学习技术。迁移学习是指利用数据、任务或模型之间的相似性，将在旧领域学习过的模型应用于新领域的一种学习过程。通过将训练好的模型迁移到类似场景，实现只需少量的训练数据就可以达到较好的效果。

本章小结

本章介绍了深度学习的定义和特点，深度学习的发展历史，深度学习的经典网络模型，以及深度学习在图像、声音、文本等领域的应用。随着深度学习在图像、声音、文本等领域应用的不断成熟，大量深度学习的应用技术不断涌现，这些应用技术会不断渗透到更多的领域中。

第2章
深度学习环境的安装与使用

深度学习环境的安装与使用是学习使用深度学习进行应用开发的基础，通常使用 Anaconda 来管理深度学习的环境配置。本章主要讲解 Anaconda 的安装与使用、TensorFlow 环境搭建与使用、Keras 的简介与使用。

2.1 Anaconda 的安装与使用

通常在使用深度学习来进行应用开发的时候，每个项目的环境配置可能不一样，可以使用 Anaconda 来管理深度学习的环境配置。

2.1.1 Anaconda 简介

Anaconda 是一个管理开源安装包的软件，可以便捷地获取开源安装包且能够对开源安装包进行管理，同时可以对环境进行统一管理。Anaconda 包含了 conda、Python 等多个科学包及其依赖项。

2.1.2 Anaconda 的安装

下面介绍 Windows 版 Anaconda 的安装过程，具体安装步骤如下。

（1）在浏览器中打开 Anaconda 的官网，下载 Anaconda 的 Windows 版的安装程序，如图 2-1 所示。

Windows

Python 3.8

64-Bit Graphical Installer (466 MB)

32-Bit Graphical Installer (397 MB)

图 2-1　安装程序的下载

（2）下载 64 位的安装程序，下载完成后进行安装。

（3）安装完成后，访问 Anaconda 应用程序，其主界面如图 2-2 所示。

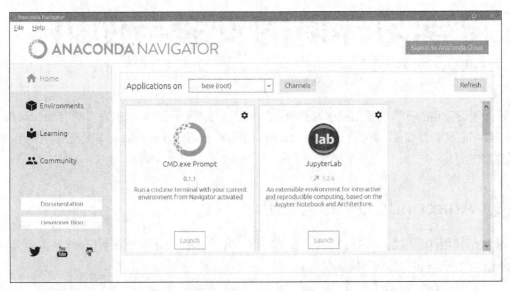

图 2-2　Anaconda 主界面

（4）单击"Environments"选项，可以看到默认的环境 base 下自带的安装包，这些安装包是 Anaconda 默认自动安装的，如图 2-3 所示。

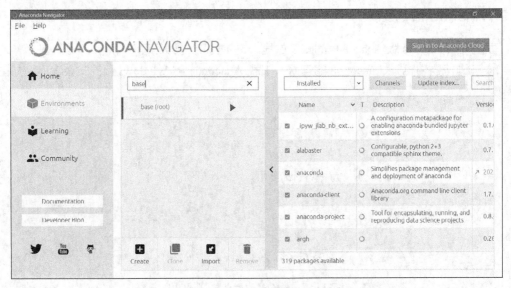

图 2-3　base 环境

2.1.3　conda 简介

conda 是包及其依赖项和环境的管理工具，适用于 Python、C、C++、Java 等编程语言，用于快速安装、运行和升级包及其依赖项，可在计算机中便捷地创建、保存、加载和切换环境。在使用

Anaconda 的时候，经常使用的就是 conda。

在安装 Anaconda 的时候就已经安装了 conda，所以 conda 不需要重新安装。打开"命令提示符"窗口，输入"conda"，按"Enter"键，可以对 conda 进行环境检测，如图 2-4 所示，证明 conda 可以正常使用。

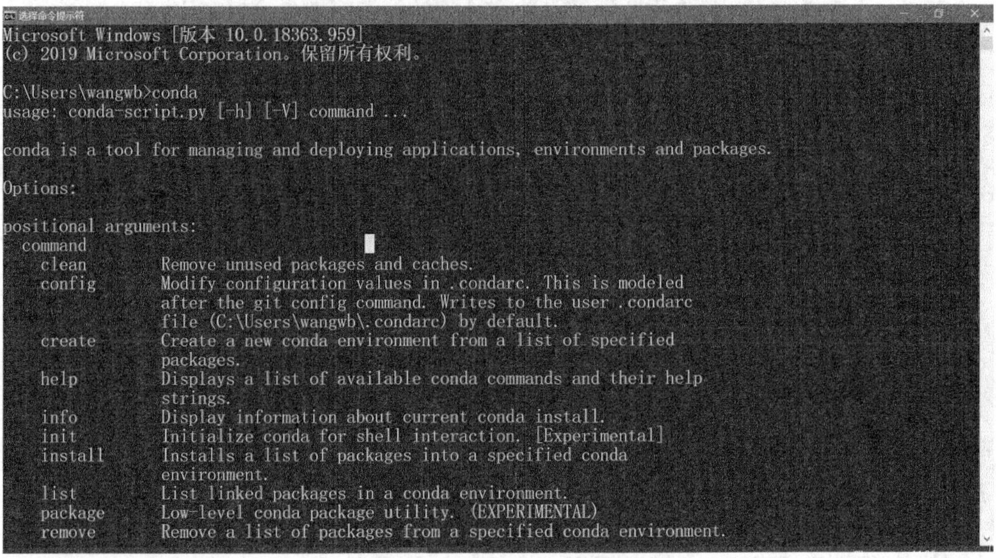

图 2-4　conda 环境检测

1. conda 创建和删除 Python 虚拟环境

conda 可以用来创建 Python 虚拟环境，创建环境的命令格式如下。

```
conda create -n name
```

name 表示要创建的环境的名字，下面举例来说明。打开"命令提示符"窗口，使用 conda 创建一个名为 py3 的 Python 虚拟环境，命令如下。

```
conda create -n py3
```

运行结果如图 2-5 所示。

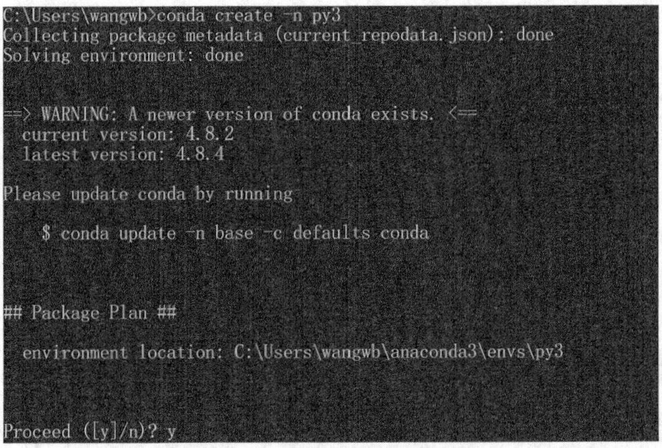

图 2-5　创建 Python 虚拟环境

弹出对话提示"Proceed([y]/n)?"后，输入"y"表示继续执行，输入"n"表示取消执行。执行之后，如果出现图 2-6 所示的提示，表示已经完成了 py3 环境的创建。

```
Preparing transaction: done
Verifying transaction: done
Executing transaction: done
#
# To activate this environment, use
#
#     $ conda activate py3
#
# To deactivate an active environment, use
#
#     $ conda deactivate
```

图 2-6　conda 成功创建 Python 虚拟环境

conda 可以删除 Python 虚拟环境，删除环境的命令格式如下。

```
conda remove -n [name] --all
```

其中，name 表示要删除的环境的名字。

使用 conda 删除名字为 py3 的 Python 虚拟环境，命令如下。

```
conda remove -n py3 --all
```

2. 激活和取消激活 Python 虚拟环境

以 py3 环境为例来说明，py3 环境的激活命令如下。

```
conda activate py3
```

当命令行的行头出现"(py3)"时，表示 py3 环境已经激活，如图 2-7 所示。

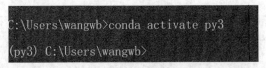

图 2-7　激活 Python 虚拟环境

py3 环境的取消激活命令如下。

```
conda deactivate py3
```

当命令行的行头不再出现"(py3)"时，表示 py3 环境已经不处于激活状态，如图 2-8 所示。

图 2-8　取消激活 Python 虚拟环境

3. conda 安装和删除 Python 程序包

激活 Python 虚拟环境以后，需要安装 Python 程序包，安装的命令及运行结果如图 2-9 所示。

```
(py3) C:\Users\wangwb>conda install python
Collecting package metadata (current_repodata.json): done
Solving environment: done
```

图 2-9　安装 Python 程序包

输入"y"确认以后，会出现安装的进度条，当图 2-10 列举的所有包都安装完成的时候，Python 程序包就安装完成了。

```
The following NEW packages will be INSTALLED:

ca-certificates    pkgs/main/win-64::ca-certificates-2020.6.24-0
certifi            pkgs/main/win-64::certifi-2020.6.20-py38_0
openssl            pkgs/main/win-64::openssl-1.1.1g-he774522_1
pip                pkgs/main/win-64::pip-20.2.2-py38_0
python             pkgs/main/win-64::python-3.8.5-he1778fa_0
setuptools         pkgs/main/win-64::setuptools-49.6.0-py38_0
sqlite             pkgs/main/win-64::sqlite-3.32.3-h2a8f88b_0
vc                 pkgs/main/win-64::vc-14.1-h0510ff6_4
vs2015_runtime     pkgs/main/win-64::vs2015_runtime-14.16.27012-hf0eaf9b_3
wheel              pkgs/main/win-64::wheel-0.34.2-py38_0
wincertstore       pkgs/main/win-64::wincertstore-0.2-py38_0
zlib               pkgs/main/win-64::zlib-1.2.11-h62dcd97_4


Proceed ([y]/n)? y

Downloading and Extracting Packages
setuptools-49.6.0    | 763 KB    | ############################9    | 52%
```

图 2-10　Python 程序包安装进度

如图 2-11 所示，输入"python"，就会进入 Python 的命令行模式，在这个模式下可运行 Python 程序，从而证明 Python 安装包安装成功。

```
(py3) C:\Users\wangwb>python
Python 3.8.5 (default, Aug  5 2020, 09:44:06) [MSC v.1916 64 bit (AMD64)] :: Anaconda, Inc. on win32
Type "help", "copyright", "credits" or "license" for more information.
>>>
```

图 2-11　Python 环境检测

图 2-11 中的 Python 版本是 3.8.5，如果想用 conda 安装指定的 Python 版本也是可行的，使用 conda install python=3.7 命令就可以安装 Python 3.7，它会直接替换原来已经安装的 3.8.5 版本。

conda 删除 Python 程序包的命令格式如下。

```
conda uninstall [Python 程序包名]
```

例如，想删除 Python 3.7，只需要执行 conda uninstall python=3.7 命令，当然执行这条命令的前提是已经安装了 Python 3.7。

2.2　TensorFlow 环境搭建与使用

TensorFlow 是 Google 公司提供的一个核心开源库，可以帮助用户开发和训练机器学习模型，它是一个端到端开源机器学习平台，拥有一个全面而灵活的生态系统，包含各种工具、库和社区资源，可助力研究人员推动先进机器学习技术的发展，并使开发者能够轻松地构建和部署由机器学习提供支持的应用。

2.2.1　安装 TensorFlow CPU 版本

在安装 TensorFlow 之前，需要安装 Python，安装 Python 的过程请参考 2.1 节中的内容，本节只讲解如何安装和配置 TensorFlow 的环境。

TensorFlow 2.0 以上的版本和以前的 1.x 版本有非常大的区别，并存在兼容问题，强烈推荐读者使用 TensorFlow 2.0 及以上的版本。TensorFlow 官方推出了 CPU 版本和 GPU 版本，这两个版本的使用方法都需要掌握，这样才能更好地学习后续深度学习的环境搭建。

在 conda 中安装 TensorFlow 的命令是 conda install tensorflow，这里的 TensorFlow 默认是 CPU 版本，在安装的时候需要注意 TensorFlow 的版本应与 Python 的版本相对应，如果已经安装了最新的 Python，那可能无法安装 TensorFlow，需要将 Python 的版本降级来匹配 TensorFlow。例如，要安装 TensorFlow 2.1，那只能把 Python 的版本降低到 Python 3.7 以下，使用 conda install python=3.7 命令就可以完成降级，接下来执行 conda install tensorflow=2.1 命令就可以完成 TensorFlow 的安装。

如图 2-12 所示，安装完 TensorFlow 以后，可以使用 print(tf.__version__)命令输出 TensorFlow 的版本，这里可以看到 TensorFlow 的版本是 2.1.0。

```
(py3) C:\Users\wangwb>python
Python 3.7.7 (default, May  6 2020, 11:45:54) [MSC v.1916 64 bit (AMD64)] :: Anaconda, Inc. on win32
Type "help", "copyright", "credits" or "license" for more information.
>>> import tensorflow as tf
>>> print(tf.__version__)
2.1.0
>>>
```

图 2-12　TensorFlow 版本

2.2.2　安装 TensorFlow GPU 版本

TensorFlow GPU 版本是支持显卡运算的 TensorFlow 版本，在深度学习中，由于需要进行模型训练，使用显卡运算可以提高运算效率，因此需要 TensorFlow GPU 版本。TensorFlow CPU 版本通常只用于深度学习的模型测试，如果用于训练，效率非常低，很多时候一个程序需要"跑上"几天甚至几个星期才能出结果，而 GPU 版本的 TensorFlow 却能在一天之内得到计算结果，大大提高了程序的效率。

在安装 TensorFlow GPU 版本之前，首先需要确保自己的计算机或服务器上至少有一张 NVIDIA 显卡，并且安装了 NVIDIA 驱动，驱动程序可以在 NVIDIA 官网下载。

使用命令 conda create -n tf-gpu 创建一个新的名字为 tf-gpu 的虚拟环境，执行命令 conda activate tf-gpu 激活 tf-gpu 虚拟环境，在这个 tf-gpu 虚拟环境中使用 conda install tensorflow-gpu=1.15 命令来安装版本号为 1.15 的 TensorFlow GPU 版本。

安装完成后，在命令行执行 tf.test.is_gpu_available()命令可以验证 TensorFlow GPU 版本是否可以使用 GPU 设备，显卡支持检测如图 2-13 所示。

```
>>> tf.test.is_gpu_available
<function is_gpu_available at 0x00000143BBEEDE58>
>>> tf.test.is_gpu_available()
2020-08-20 17:39:30.975155: I tensorflow/core/platform/cpu_feature_guard.cc:142] Your CPU supports instructions that this TensorFlow binary was not c
2020-08-20 17:39:30.981290: I tensorflow/stream_executor/platform/default/dso_loader.cc:44] Successfully opened dynamic library nvcuda.dll
2020-08-20 17:39:31.010238: I tensorflow/core/common_runtime/gpu/gpu_device.cc:1618] Found device 0 with properties:
name: GeForce GTX 1080 major: 6 minor: 1 memoryClockRate(GHz): 1.8225
pciBusID: 0000:01:00.0
2020-08-20 17:39:31.015296: I tensorflow/stream_executor/platform/default/dso_loader.cc:44] Successfully opened dynamic library cudart64_100.dll
2020-08-20 17:39:31.036119: I tensorflow/stream_executor/platform/default/dso_loader.cc:44] Successfully opened dynamic library cublas64_100.dll
2020-08-20 17:39:31.057083: I tensorflow/stream_executor/platform/default/dso_loader.cc:44] Successfully opened dynamic library cufft64_100.dll
2020-08-20 17:39:31.072715: I tensorflow/stream_executor/platform/default/dso_loader.cc:44] Successfully opened dynamic library curand64_100.dll
2020-08-20 17:39:31.095718: I tensorflow/stream_executor/platform/default/dso_loader.cc:44] Successfully opened dynamic library cusolver64_100.dll
2020-08-20 17:39:31.115093: I tensorflow/stream_executor/platform/default/dso_loader.cc:44] Successfully opened dynamic library cusparse64_100.dll
2020-08-20 17:39:31.138772: I tensorflow/stream_executor/platform/default/dso_loader.cc:44] Successfully opened dynamic library cudnn64_7.dll
2020-08-20 17:39:31.142329: I tensorflow/core/common_runtime/gpu/gpu_device.cc:1746] Adding visible gpu devices: 0
2020-08-20 17:39:31.766269: I tensorflow/core/common_runtime/gpu/gpu_device.cc:1159] Device interconnect StreamExecutor with strength 1 edge matrix:
2020-08-20 17:39:31.769597: I tensorflow/core/common_runtime/gpu/gpu_device.cc:1165]      0
2020-08-20 17:39:31.771963: I tensorflow/core/common_runtime/gpu/gpu_device.cc:1178] 0:   N
2020-08-20 17:39:31.775655: I tensorflow/core/common_runtime/gpu/gpu_device.cc:1304] Created TensorFlow device (/device:GPU:0 with 6354 MB memory) -
GTX 1080, pci bus id: 0000:01:00.0, compute capability: 6.1)
True
```

图 2-13　显卡支持检测

2.2.3　PyCharm 的安装

PyCharm 是 Python 的一个集成开发工具，用它进行代码编辑可提高工作效率。PyCharm 分为专业版和社区版，使用社区版即可满足需要，如图 2-14 所示。

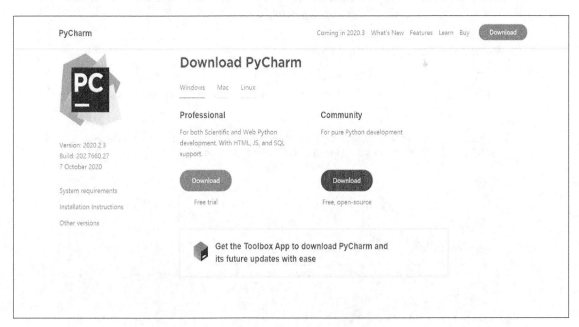

图 2-14　PyCharm 社区版

找到下载的 PyCharm 文件，并双击打开，安装步骤如图 2-15～图 2-20 所示。

图 2-15 单击"Next"按钮

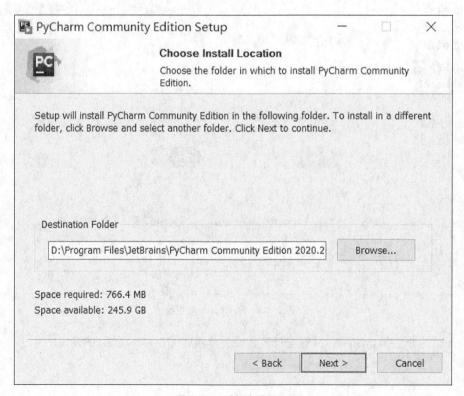

图 2-16 选择安装目录

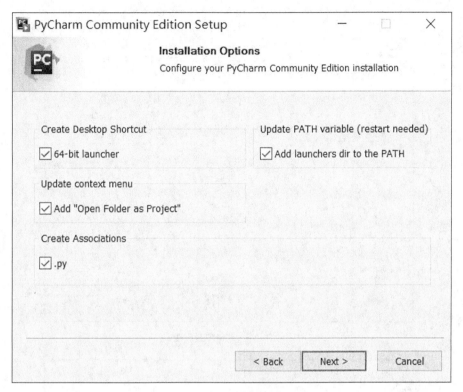

图 2-17　勾选相应复选框

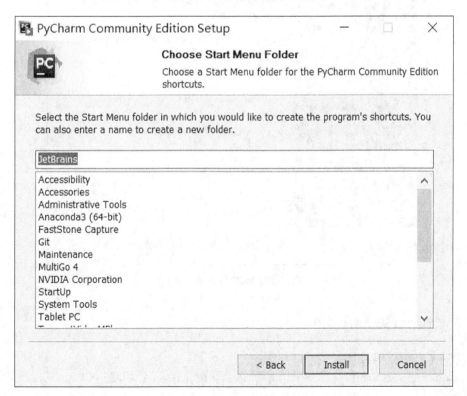

图 2-18　单击"Install"按钮

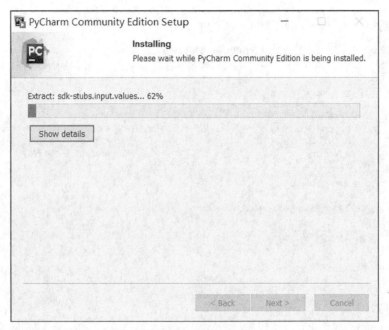

图 2-19　等待安装完成

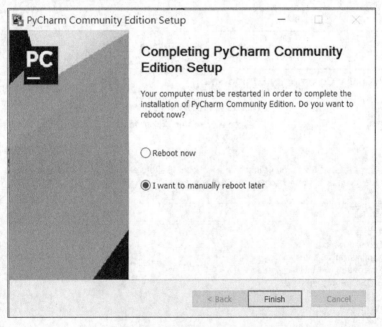

图 2-20　单击"Finish"按钮

2.2.4　PyCharm 的使用

1. 启动 PyCharm

PyCharm 在初次启动时会有很多操作提示，读者可以直接忽略，启动 PyCharm 的过程如图 2-21～图 2-23 所示。

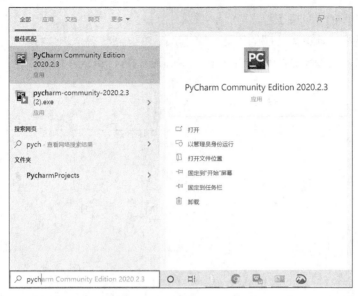

图 2-21　双击 PyCharm 图标

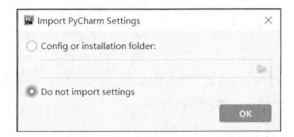

图 2-22　单击 "Do not import settings"（不导入设置）单选按钮

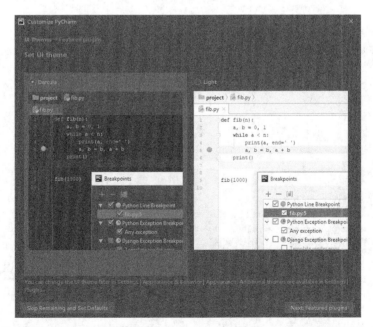

图 2-23　单击 "Skip Remaining and Set Defaults" 按钮

2. 利用 PyCharm 创建工程

PyCharm 只是一个用来写代码的工具，想要执行 Python 代码，需要将其与指定的 Python 环境关联起来。在这一步读者需要将 PyCharm 与 Anaconda 中的 Python 环境关联上，这样才能保证代码正常执行。

（1）创建工程（Project）的界面如图 2-24 所示。

图 2-24　创建工程

（2）一个工程其实就是一个文件夹，是在实际项目开发中常用的一个概念，主要为完成一个具体任务而创建。如图 2-25 所示，指定项目文件夹。

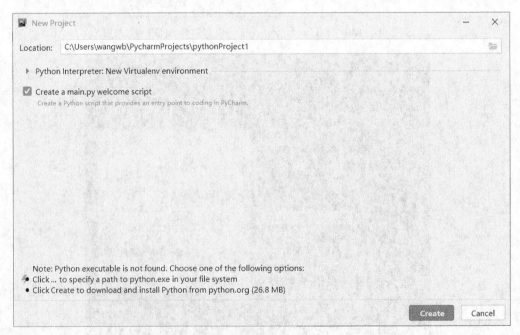

图 2-25　指定项目文件夹

（3）为创建的工程关联一个 Python 解释器（这一步很重要），此处选择 Anaconda 中集成的

python.exe 作为解释器，如图 2-26～图 2-29 所示。

图 2-26　单击三角符展开

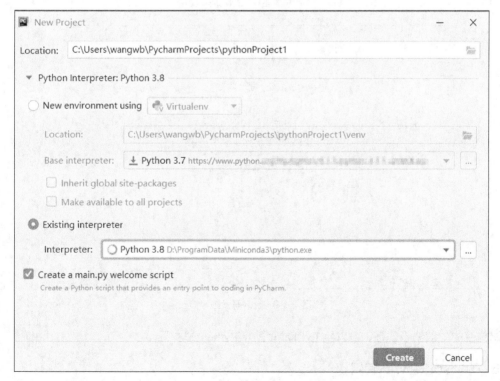

图 2-27　选择本地的 Python 解释器

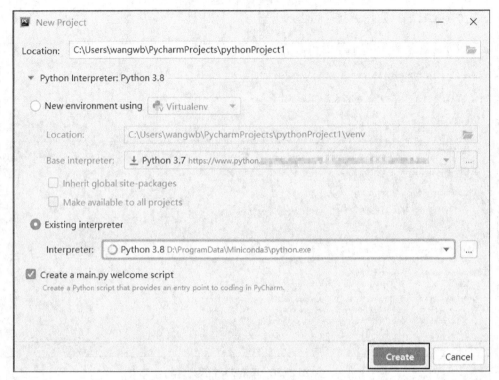

图 2-28　单击"Create"按钮

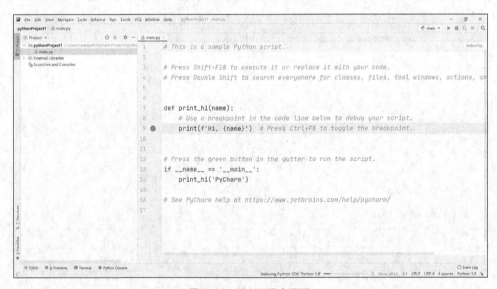

图 2-29　进入开发主界面

这样就成功创建了工程，可以用 PyCharm 进行 Python 开发工作。

2.2.5　TensorFlow 的使用

机器学习一般都是以张量作为数据结构的，在 TensorFlow 中称之为 Tensor。下面是一些定义张量的实例。

```
import numpy as np
import tensorflow as tf
tf.constant(1)  # 定义常量
tf.constant([1,2])  # 定义一维张量，一维张量称为向量
tf.constant([[1,2],[1,2]])  # 定义二维张量，二维张量称为矩阵
```

张量可以认为是向量和矩阵在任意维上的扩展，它有两个非常重要的属性，一个是维度，一个是数据类型。矩阵是二维张量，通常使用 NumPy 来生成矩阵，并转换成 Tensor。下面是 NumPy 中生成张量的一些实例（此代码运行于"命令提示符"窗口（CMD）中，打开"命令提示符"窗口（CMD），输入"python"即可进入环境）。

```
>>>import numpy as np
>>>x = np.zeros([2,3])
>>>x
array([[0., 0., 0.],
       [0., 0., 0.]])
>>> tensorx = tf.convert_to_tensor(x,dtype=tf.int32)
>>> tensorx
<tf.Tensor: shape=(2, 3), dtype=int32, numpy=
array([[0, 0, 0],
       [0, 0, 0]])>
>>> tensorx.ndim
2
>>> tensorx.shape
TensorShape([2, 3])
```

可以通过 Tensor 的 ndim 属性来查看张量的维度，还可以通过 Tensor 的 shape 属性来查看张量在每个维度上的元素个数。TensorShape([2, 3])表示在张量的第一个维度上有 2 个元素，在张量的第二个维度上有 3 个元素。

张量的数据类型通过 dtype 属性来体现。dtype 可以是 int32、float32、float64 和 string 等类型。在 dtype 没有设置的情况下，dtype 的默认类型为 float32，如下所示。

```
>>> y = tf.constant(1)
>>> y
<tf.Tensor: shape=(), dtype=int32, numpy=1>
>>> y = tf.constant([])
>>> y
<tf.Tensor: shape=(0,), dtype=float32, numpy=array([], dtype=float32)>
```

例子中的 tf.constant([])是没有设置 dtype 类型的，在没有设置数据类型的情况下，dtype 的默认类型为 float32。

神经网络中学到的所有变换都可以简化为数值数据上的一些张量运算。下面介绍两种深度学习中常见的张量操作。

1. 更改张量的尺寸

reshape 方法可实现张量变形操作，用于处理张量的尺寸变换，常用于图像的预处理操作。下面的程序是定义一个 3×2 的矩阵，然后把它转换成 6×1 的矩阵的实例（此代码运行于"命令提示符"窗口中，打开"命令提示符"窗口，输入"python"即可进入环境）。

```
>>> x = np.array([[0., 1.],
```

```
      [2., 3.],
      [4., 5.]])
>>> print(x.shape)
(3, 2)
# 把 x 从 3×2 的矩阵转换成 6×1 的矩阵
>>> x = x.reshape((6, 1))
>>> x
array([[ 0.],
 [ 1.],
 [ 2.],
 [ 3.],
 [ 4.],
 [ 5.]])
```

下面来看一下数字手写体识别的问题。这里要解决的问题是，将手写体数字的灰度图像（28 像素×28 像素）划分到 10 个类别中（0～9）。本书使用的 MNIST 数据集是机器学习领域的一个经典数据集，其历史几乎和这个领域的历史一样长，而且已被人们深入研究。这个数据集包含 60000 幅训练图像和 10000 幅测试图像，由美国国家标准与技术研究院（National Institute of Standards and Technology，NIST）在 20 世纪 80 年代收集得到。

MNIST 数据集预先加载在 Keras 库中，包括 4 个 NumPy 数组（此代码运行于"命令提示符"窗口中，打开"命令提示符"窗口，输入"python"即可进入环境）。

```
from keras.datasets import mnist
(train_images, train_labels), (test_images, test_labels) = mnist.load_data()
>>> train_images.shape
(60000, 28, 28)
```

在将图像送到深度学习模型进行训练之前，对图像用 reshape 方法进行处理，代码如下。

```
train_images = train_images.reshape((60000, 28 * 28))
>>> train_images.shape
(60000, 784)
```

为方便图像数据的处理，在编写程序时，把宽、高均为 28px 的二维图像数据转换成长度为 784 的一维向量，这其实就是一个张量变形的过程，即把二维张量变换成一维张量。

2．激活函数

来看一个 Keras 构造模型的例子。Keras 层的实例如下。

```
keras.layers.Dense(512, activation='relu')
```

这个 Dense 层可以理解为一个函数，输入一个二维张量，返回另一个二维张量，输出的二维张量可以作为模型新的输入。具体而言，这个函数如下所示，其中 W 是一个二维张量，b 是一个向量，二者都是该层的属性，dot 是点积运算，如果是二维张量矩阵，那点积就是矩阵的乘积。

```
output = relu(dot(W, input) + b)
```

2.3 Keras 简介与使用

前文介绍到，Google 公司的 TensorFlow 2.0 和 TensorFlow 1.x 不兼容，那么新的 TensorFlow 2.0 到底新在哪里呢？TensorFlow 2.0 消除了 TensorFlow 1.x 的诸多弊病，进一步整合了 TensorFlow 和

Keras，号称能像 NumPy 一样畅快运行，快速、可扩展、可投入生产。官方表示，TensorFlow 2.0 是用户社区推动的、易于使用、灵活又强大的平台。并且，官方推荐使用 tf.keras 来快速实现模型的搭建。

Keras 是一个高层神经网络 API，是用 Python 语言基于 TensorFlow、Theano 以及 CNTK 后端编写而成。Keras 为支持快速实验而生。

2.3.1 Keras 的意义

Keras 的使用更简单，可以更加高效地建立深度学习模型、进行训练、评估准确率，并进行预测。

使用 TensorFlow 链接库虽然可以完全控制各种深度学习模型的细节，但是需要编写更多的程序代码，花费更多的时间进行开发。

相较而言，Keras 拥有很多优势：

（1）简易和快速的原型设计（Keras 具有高度模块化、极简和可扩充特性）；

（2）支持卷积神经网络（Convolutional Neural Network，CNN）和循环神经网络（Recurrent Neural Network，RNN），或二者的结合；

（3）无缝 CPU 和 GPU 切换。

2.3.2 Keras 的设计原则

Keras 的设计原则如下。

（1）用户友好：用户的使用体验始终是框架使用要考虑的首要内容。Keras 提供一致而简洁的 API，能够极大减少一般场景下用户的工作量，同时，Keras 提供清晰和具有实践意义的问题反馈机制。

（2）模块性：模型可理解为一个层的序列或数据的运算图，完全可配置的模块可以用最低的代价自由组合在一起。具体而言，网络层、损失函数、优化器、初始化策略、激活函数、正则化方法都是独立的模块，用户可以使用它们来构建自己的模型。

（3）易扩展性：在 Keras 中添加新模块非常容易，只需要仿照现有的模块编写新的类或函数即可。创建新模块的便利性使得 Keras 更适合于先进的研究工作。

（4）与 Python 协作：Keras 没有单独的模型配置文件类型（作为对比，Caffe 具有），模型由 Python 代码描述，使其更紧凑和更易调试，并提供了扩展的便利性。

2.3.3 Keras 的工作方式

Keras 是一个模型级的深度学习链接库，只具备模型的建立、训练、预测等功能。对深度学习底层的运行，如张量（矩阵）运算，Keras 必须配合"后端引擎"进行运算。目前 Keras 提供了两种后端引擎：TensorFlow 和 Theano。

Keras 和 TensorFlow 相比，在学习难易度、开发生产力、适用用户、张量（矩阵）运算等方面都有一定的优势，两者对比如表 2-1 所示。

表 2-1 Keras 和 TensorFlow 的对比

指标	Keras	TensorFlow
学习难易度	简单	比较困难

续表

指标	Keras	TensorFlow
使用弹性	中等	高
开发生产力	高	中等
执行性能	高	高
适用用户	初学者	高级用户
张量（矩阵）运算	不需要自行设计	需要自行设计

2.3.4　Keras 快速上手

Keras 的核心数据结构是模型，模型是一种组织网络层的方式。Keras 中主要的模型是 Sequential 模型，Sequential 模型是一系列网络层按顺序构成的栈。Keras 也可以通过查看函数式模型来学习建立更复杂的模型。Keras 在 Python 中的简单使用步骤如下。

Sequential 模型的创建语句如下。

```
from keras.models import Sequential
model = Sequential()
```

将一些网络层通过 add 方法堆叠起来，就构成了一个模型，代码如下。

```
from keras.layers import Dense,Activation
model.add(Dense(units=64,input_dim=100))
model.add(Activation("relu"))
model.add(Dense(units=10))
model.add(Activation("SoftMax"))
```

完成模型的搭建后，需要使用 compile 方法来编译模型，代码如下。

```
model.compile(loss="categorical_crossentropy",optimizer="sgd",metrics=["accuracy"])
```

编译模型时必须指明损失函数和优化器，如果需要的话，也可以自己定制损失函数。Keras 的核心理念之一就是简明易用，同时保证用户对 Keras 的绝对控制力，用户可以根据自己的需要定制自己的模型、网络层，甚至修改源码。

```
from keras.optimizers import SGD
model.compile(loss="categorical_crossentropy",optimizer=SGD(lr=0.01,momentum=0.9,nesterov=True))
```

完成模型编译后，在训练数据上按样本训练的批大小 batch_size 进行一定次数的迭代来训练模型，如下。

```
model.fit(x_train,y_train,epochs=5,batch_size=32)
```

这样一个基础的模型就搭建好了。

2.3.5　Keras 简单实例

Keras 已经集成到 TensorFlow 2.0 及 2.0 以后的版本中了，不需要单独安装。如果在这之前你已经学会了如何使用 Keras，那么 Keras 在 TensorFlow 2.0 中的使用方法是类似的，只有小部分的 API 进行了替换。

在 TensorFlow 2.0 中，搭建一个简单的模型是非常方便的。下面这段代码使用 Keras 搭建了一个简单的分类模型，Dense 函数用于创建神经层，Activation 函数用于创建激活层，函数的具体说明可以参考 TensorFlow 官方文档。

```
import tensorflow.keras as keras
from tensorflow.keras.layers import Dense,Activation
model = keras.Sequential()
model.add(Dense(units=64,input_dim=100))
model.add(Activation("relu"))
model.add(Dense(units=10))
model.add(Activation("SoftMax"))


# categorical_crossentropy 是交叉熵损失函数
# sgd 表示使用随机梯度下降算法
model.compile(loss="categorical_crossentropy",optimizer="sgd",metrics=["acc"])
model.fit(x_train,y_train,epochs=5,batch_size=32)
```

1. Keras 实例——线性回归

先来看一下用 Keras 实现线性回归的结果，如图 2-30 所示。

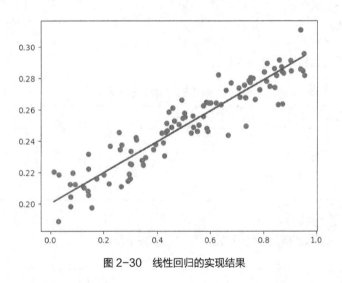

图 2-30　线性回归的实现结果

接下来使用 Keras 来实现。首先，导入库和获取数据，这里仍然使用 NumPy 生成数据，代码如下。

```
import numpy as np
import matplotlib.pyplot as plt
from tensorflow.keras.models import Sequential
from tensorflow.keras.layers import Dense
# 生成随机点
xs = np.random.rand(100)
noise = np.random.normal(0,0.01,xs.shape)
ys = xs*0.1+0.2+noise

plt.scatter(xs,ys)
plt.show()
```

有了数据之后，按照前面 2.3.4 小节的步骤，先建立一个 Sequential 模型。

```
# 构建一个 Sequential 模型
model = Sequential()
```

然后在模型中添加一个全连接层，接着使用 compile 方法来编译模型。

```
# 在模型中添加一个全连接层
model.add(Dense(units=1,input_dim=1))
# sgd 表示随机梯度下降算法，mse 表示均方误差
model.compile(optimizer="sgd",loss="mse")
```

然后开始训练，代码如下。

```
# 训练
for step in range(5001):
    cost = model.train_on_batch(xs,ys)
    if step%500 == 0:
        print(cost)
W,b = model.layers[0].get_weights()
print(W,b)
y_pred = model.predict(xs)
plt.plot(xs,y_pred,'r-')
plt.show()
```

训练的关键代码及其说明如表 2-2 所示。

表 2-2　训练的关键代码及其说明

代码	说明
for step in range(5001）	共训练 5000 次
model.train_on_batch(xs,ys)	手动将 batch 的数据送入网络中训练
model.layers[0].get_weights()	获取参数

2. Keras 实例——非线性回归

再来看看用 Keras 实现非线性回归的结果，如图 2-31 所示。

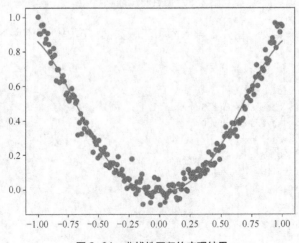

图 2-31　非线性回归的实现结果

首先是导入库和获取数据。

```python
import numpy as np
import matplotlib.pyplot as plt
from tensorflow.keras.models import Sequential
from tensorflow.keras.layers import Dense
from tensorflow.keras.layers import Activation
from tensorflow.keras.optimizers import SGD

# 生成数据
xs = np.linspace(-1,1,200)
noise = np.random.normal(0,0.04,xs.shape)
ys = np.square(xs)+noise
plt.scatter(xs,ys)
```

接着建立一个 Sequential 模型，然后添加两个神经网络层（一个隐藏层和一个输出层），如下。

```python
model = Sequential()
# 添加一个隐藏层
# 1-10-1
model.add(Dense(units=10,input_dim=1))
model.add(Activation("tanh"))
#输出层
model.add(Dense(units=1))
model.add(Activation('tanh'))
```

最后使用随机梯度下降（Stochastic Gradient Descent，SGD）算法编译模型，进行训练。

```python
sgd = SGD(lr=0.2)
model.compile(optimizer=sgd,loss="mse")

for step in range(5001):
    cost = model.train_on_batch(xs,ys)
    if step%500 == 0:
        print(cost)
y_pred = model.predict(xs)
plt.plot(xs,y_pred,'r-')
plt.show()
```

训练的关键代码及其说明如表 2-3 所示。

表 2-3 训练的关键代码及其说明

代码	说明
np.square(xs)	平方操作
Dense(units=10,input_dim=1)	输入 1 个神经元，输出 10 个神经元，下面的 Dense(units=1) 表示输出 1 个神经元，这里之所以可以不需要输入，是因为 Keras 默认把上一层的输出当作下一层的输入
sgd=SGD(lr=0.2)	这里定义了一个学习率为 0.2 的 SGD 优化器，因为 SGD 默认的学习率较小，所以当训练 5000 次的时候可能没有很好的效果

本章小结

本章介绍了 Anaconda 的安装与使用、TensorFlow 的环境搭建与使用和 PyCharm 的安装，为后续的深度学习环境搭建做准备，在 2.3 节中介绍了 Keras 并介绍了使用 Keras 搭建线性回归和非线性回归模型的方法。

第3章
神经网络的数学基础

在学习深度学习之前，读者需要熟悉很多基本的数学概念：矩阵、随机变量、概率分布等。本章的目的是帮助读者建立对这些概念的基本认知。本章将首先给出矩阵、随机变量的概念，然后结合 Python 相关的实例来介绍如何运算，这些概念对于读者理解后续章节中的实例至关重要。

3.1 矩阵

在介绍矩阵的定义前，先介绍一下矩阵的表示形式。矩阵是机器学习的数据运算中经常出现的一种结构。

线性代数提供了一种紧凑的表示和操作线性方程组的方法。例如，以下方程组：

$$\begin{cases} 4x_1 - 5x_2 = -13 \\ -2x_1 + 3x_2 = 9 \end{cases}$$

其中包含两个方程和两个变量，高中代数中的数学理论认为可以找到 x_1 和 x_2 的唯一解（除非方程以某种方式退化，例如，如果第二个方程只是第一个的倍数。但在上面的情况下，实际上只有一个唯一解）。在矩阵表示法中，有更紧凑的表示方式。

$$Ax = b$$

$$A = \begin{bmatrix} 4 & -5 \\ -2 & 2 \end{bmatrix}, \quad b = \begin{bmatrix} -13 \\ 9 \end{bmatrix}$$

A 和 b 表示矩阵，它是一种更紧凑的表示方式，由于这种表示方式在计算机求解中非常方便，因此矩阵开始在计算机程序中被广泛使用。

3.1.1 矩阵定义

接下来介绍矩阵的定义和性质。

由 $m \times n$ 个数 $a_{ij}(i=1,2,\cdots,m; j=1,2,\cdots,n)$ 按照一定顺序排成的 m 行 n 列的矩形数表，称为 $m \times n$ 矩阵，矩阵用大写英文字母表示，如矩阵 A 可以记作：

$$A = \begin{bmatrix} a_{11} & a_{12} & \dots & a_{1n} \\ a_{21} & a_{22} & \dots & a_{2n} \\ \vdots & \vdots & & \vdots \\ a_{m1} & a_{m2} & \dots & a_{mn} \end{bmatrix}$$

其中 a_{ij} 为位于矩阵 A 中的第 i 行第 j 列的元素，例如，第 1 行第 1 列的元素是 a_{11}。矩阵 A 有 m 行 n 列，可以记为 $A_{m \times n}$。

矩阵的维度即行数×列数。例如，下面这个矩阵 A 是 4×2 矩阵，即 4 行 2 列矩阵。

$$A = \begin{bmatrix} 1402 & 191 \\ 1371 & 821 \\ 949 & 1437 \\ 147 & 1448 \end{bmatrix}$$

行数和列数相等的矩阵称为 n 阶矩阵或 n 阶方阵。例如，下面这个矩阵 B 是 2 阶方阵，即 2 行 2 列矩阵。

$$B = \begin{bmatrix} 1 & 1 \\ 2 & 2 \end{bmatrix}$$

行数为 1、列数为 n 的矩阵称为行矩阵或者行向量，行矩阵示例如下。

$$X = \begin{bmatrix} 1402 & 1371 & 949 & 147 \end{bmatrix}$$

向量 X 是 4 维行向量，也就是 X 的维度是 1×4。

行数为 m、列数为 1 的矩阵称为列矩阵或者列向量，列矩阵示例如下。

$$X = \begin{bmatrix} 1402 \\ 1371 \\ 949 \\ 147 \end{bmatrix}$$

向量 X 是 4 维列向量，也就是 X 的维度是 4×1。

向量是一种特殊的矩阵，行数为 1 的向量称为行向量，列数为 1 的向量称为列向量。

3.1.2 矩阵加法

若矩阵 A 和矩阵 B 的行数和列数都相等，则矩阵 A 和 B 可以做加法运算，否则不能做加法运算。

矩阵 $A = (a_{ij})_{m \times n}$，$B = (b_{ij})_{m \times n}$，矩阵 A 和 B 都是 m 行 n 列，则 $C = (c_{ij})_{m \times n} = (a_{ij} + b_{ij})_{m \times n}$ 是矩阵 A 和 B 的和，记为 $C=A+B$，即：

$$C = A + B = \begin{bmatrix} a_{11} + b_{11} & a_{12} + b_{12} & \dots & a_{1n} + b_{1n} \\ a_{21} + b_{21} & a_{22} + b_{22} & \dots & a_{2n} + b_{2n} \\ \vdots & \vdots & & \vdots \\ a_{m1} + b_{m1} & a_{m2} + b_{m2} & \dots & a_{mn} + b_{mn} \end{bmatrix}$$

由于加法满足交换律和结合律，因此 $A+B= B+A$ 成立。

接下来看一个具体的例子。

$$\begin{bmatrix} 1 & 0 \\ 2 & 5 \\ 3 & 1 \end{bmatrix} + \begin{bmatrix} 4 & 5 \\ 2 & 5 \\ 0 & 1 \end{bmatrix} = \begin{bmatrix} 5 & 5 \\ 4 & 10 \\ 3 & 2 \end{bmatrix}$$

矩阵的运算都可以通过 Python 的第三方库 NumPy 来完成，在使用 NumPy 之前，需要使用 conda 或者 pip 完成 NumPy 安装。具体安装 NumPy 的方法有两种，如下。

```
conda install numpy  #使用 conda 安装
pip install numpy    #使用 pip 安装
```

NumPy 是 Python 的一种开源的数值计算扩展工具。这种工具可用来存储和处理大型矩阵，比 Python 自身的嵌套列表结构要高效得多，其支持大量的维度数组与矩阵运算。

矩阵的加法和减法与代数中的符号一致，分别为 "+" "-"，计算方法如下面代码所示。

```
import numpy as np

x = np.array([[1, 2], [3, 4]])
y = np.array([[2, 2], [2, 2]])
m = x + y
n = x - y
print(m, n)
```

3.1.3 矩阵乘法

矩阵不仅可以和常量进行乘法运算，还可以与向量及矩阵进行乘法运算。

1. 常量–矩阵乘法

数 λ 与矩阵 $A = (a_{ij})_{m \times n}$ 的乘积为 λA，即：

$$\lambda A = \begin{bmatrix} \lambda a_{11} & \lambda a_{12} & ... & \lambda a_{1n} \\ \lambda a_{21} & \lambda a_{22} & ... & \lambda a_{2n} \\ \vdots & \vdots & & \vdots \\ \lambda a_{m1} & \lambda a_{m2} & ... & \lambda a_{mn} \end{bmatrix}$$

数乘矩阵就是用数乘矩阵的每个元素。因此，常量和矩阵的每个元素相乘，相乘以后，矩阵的行列数不变，示例如下。

$$3 \times \begin{bmatrix} 1 & 0 \\ 2 & 5 \\ 3 & 1 \end{bmatrix} = \begin{bmatrix} 3 & 0 \\ 6 & 15 \\ 9 & 3 \end{bmatrix}$$

矩阵的加法和常量与矩阵的乘法合起来，统称为矩阵的线性运算，示例如下。

$$A = \begin{bmatrix} -1 & 4 \\ 2 & 0 \end{bmatrix}, B = \begin{bmatrix} 3 & 0 \\ -1 & 1 \end{bmatrix}, 2A - 3B = 2 \begin{bmatrix} -1 & 4 \\ 2 & 0 \end{bmatrix} - 3 \begin{bmatrix} 3 & 0 \\ -1 & 1 \end{bmatrix} = \begin{bmatrix} -11 & 8 \\ 7 & -3 \end{bmatrix}$$

2. 矩阵–向量乘法

将 $A = \begin{bmatrix} a_{11} & a_{12} & ... & a_{1n} \\ a_{21} & a_{22} & ... & a_{2n} \\ \vdots & \vdots & & \vdots \\ a_{m1} & a_{m2} & ... & a_{mn} \end{bmatrix}$ 和 $B = \begin{bmatrix} b_1 \\ b_2 \\ \vdots \\ b_n \end{bmatrix}$ 相乘，乘积记为 $C = AB$，即：

$$\begin{bmatrix} a_{11} & a_{12} & ... & a_{1n} \\ a_{21} & a_{22} & ... & a_{2n} \\ \vdots & \vdots & & \vdots \\ a_{m1} & a_{m2} & ... & a_{mn} \end{bmatrix} \begin{bmatrix} b_1 \\ b_2 \\ \vdots \\ b_n \end{bmatrix} = \begin{bmatrix} \sum_{i=1}^{n} a_{1i} b_i \\ \sum_{i=1}^{n} a_{2i} b_i \\ \vdots \\ \sum_{i=1}^{n} a_{mi} b_i \end{bmatrix}$$

根据矩阵和向量的乘法法则，$m×n$ 的矩阵乘 $n×1$ 的向量，得到的是 $m×1$ 的向量，如下。

$$\begin{bmatrix} 1 & 3 \\ 0 & 5 \\ 7 & 2 \end{bmatrix} \begin{bmatrix} 2 \\ 1 \end{bmatrix} = \begin{bmatrix} 1×2+3×1 \\ 0×2+5×1 \\ 7×2+2×1 \end{bmatrix} = \begin{bmatrix} 5 \\ 5 \\ 16 \end{bmatrix}$$

$3×2$ 的矩阵和 $2×1$ 的向量相乘，最终得到 $3×1$ 的向量。

假设 A 是向量，$A = (a_1, a_2, \cdots, a_m)$，$B$ 是矩阵，$B = \begin{bmatrix} b_{11} & b_{12} & \dots & b_{1n} \\ b_{21} & b_{22} & \dots & b_{2n} \\ \vdots & \vdots & & \vdots \\ b_{m1} & b_{m2} & \dots & b_{mn} \end{bmatrix}$，乘积 $C=AB$，即：

$$(a_1, a_2, \cdots, a_m) \begin{bmatrix} b_{11} & b_{12} & \dots & b_{1n} \\ b_{21} & b_{22} & \dots & b_{2n} \\ \vdots & \vdots & & \vdots \\ b_{m1} & b_{m2} & \dots & b_{mn} \end{bmatrix} = \left(\sum_{i=1}^{m} a_i b_{i1} \quad \sum_{i=1}^{m} a_i b_{i2} \quad \cdots \quad \sum_{i=1}^{m} a_i b_{in} \right)$$

根据向量和矩阵的乘法法则，$1×m$ 的向量和 $m×n$ 的矩阵相乘，得到的是 $1×n$ 的向量，即：

$$\begin{bmatrix} 2 & 1 \end{bmatrix} \begin{bmatrix} 1 & 0 & 7 \\ 3 & 5 & 2 \end{bmatrix} = \begin{bmatrix} 2×1+1×3 & 2×0+1×5 & 2×7+1×2 \end{bmatrix} = \begin{bmatrix} 5 & 5 & 16 \end{bmatrix}$$

$1×2$ 的向量和 $2×3$ 的矩阵相乘，最终得到 $1×3$ 的向量。

3. 矩阵-矩阵乘法

有了前面的这些知识，现在来看矩阵-矩阵乘法。

首先，矩阵和矩阵的乘法可以视为一组向量-向量乘法。设矩阵 $A = (a_{ij})_{m×n}$，$B = (b_{ij})_{m×n}$，则它们的乘积 AB 等于矩阵 $C = (c_{ij})_{m×n}$，其中 C 的第 i 行第 j 列的元素等于 A 的第 i 行的元素和 B 的第 j 列的元素的外积的和，如下面的公式所示：

$$c_{ij} = (a_{i1}, a_{i2}, \cdots, a_{is}) \begin{bmatrix} b_{1j} \\ b_{2j} \\ \vdots \\ b_{sj} \end{bmatrix} = a_{i1}b_{1j} + a_{i2}b_{2j} + \cdots + a_{is}b_{sj}, \quad i=1,2,\cdots,m; j=1,2,\cdots,n$$

矩阵 A 和矩阵 B 进行乘法运算时，A 的列数必须和 B 的行数相同，即 $A_{m×s}B_{s×n} = C_{m×n}$，否则，无法进行乘法运算。

设 $A = \begin{bmatrix} 2 & 2 \\ -2 & -2 \end{bmatrix}$，$B = \begin{bmatrix} 1 \\ -1 \end{bmatrix}$，则：

$$AB = \begin{bmatrix} 2 & 2 \\ -2 & -2 \end{bmatrix} \begin{bmatrix} 1 \\ -1 \end{bmatrix} = \begin{bmatrix} 0 \\ 0 \end{bmatrix}$$

而 BA 则无法进行乘法运算。

下面验证矩阵乘法的一些性质。

（1）设 $A = \begin{pmatrix} 2 \\ -2 \end{pmatrix}$，$B = (1 \quad -1)$，则：

$$AB = \begin{bmatrix} 2 \\ -2 \end{bmatrix}(1 \quad -1) = \begin{bmatrix} 2 & -2 \\ -2 & 2 \end{bmatrix},$$

$$BA = (1 \quad -1)\begin{bmatrix} 2 \\ -2 \end{bmatrix} = 4$$

可以发现 $AB \neq BA$ ，也就是说矩阵乘法是不满足交换律的。

（2）假设有一个矩阵 C，$C = \begin{bmatrix} 1 \\ -1 \end{bmatrix}$，设 $A = \begin{bmatrix} 2 \\ -2 \end{bmatrix}$，$B = (1 \quad -1)$，则$(AB)C$ 的乘积是 $\begin{bmatrix} 4 \\ -4 \end{bmatrix}$，$A(BC)$ 的乘积是 $\begin{bmatrix} 4 \\ -4 \end{bmatrix}$，所以$(AB)C$ 和 $A(BC)$的值是相等的，所以矩阵乘法满足结合律。

（3）假设 $A = \begin{bmatrix} 2 \\ -2 \end{bmatrix}$，$B = \begin{bmatrix} 1 \\ -1 \end{bmatrix}$，$C = (2 \quad -2)$，则：

$$(A+B)C = \begin{bmatrix} 3 \\ -3 \end{bmatrix}(2 \quad -2) = \begin{bmatrix} 6 & -6 \\ -6 & 6 \end{bmatrix},$$

$$AC + BC = \begin{bmatrix} 2 \\ -2 \end{bmatrix}(2 \quad -2) + \begin{bmatrix} 1 \\ -1 \end{bmatrix}(2 \quad -2) = \begin{bmatrix} 6 & -6 \\ -6 & 6 \end{bmatrix}$$

从上面的运算结果可以看出，$(A+B)C = AC + BC$ 是成立的。

当然，矩阵乘法的几个性质如果要推广到一般情况，需要读者根据矩阵的知识进行证明。下面总结一下矩阵乘法的几个性质。

（1）矩阵乘法满足结合律：$(AB)C = A(BC)$。

（2）矩阵乘法满足分配律：$A(B+C) = AB + AC$。

（3）矩阵通常是不可交换的，也就是说 $AB \neq BA$。

4．使用 Python 求矩阵的数乘、矩阵和矩阵的乘法

在 NumPy 中，使用 np.dot(a,b)完成矩阵 a 和矩阵 b 的乘法运算，*和 np.multiply 是按照矩阵中对应位置的元素进行相乘的。具体代码如下。

```
import numpy as np
a = [[1, 2], [3, 4]]
b = [[2, 2], [2, 2]]
a = np.array(a)
b = np.array(b)

# 数乘
>>> 3*a
array([[ 3, 6],
       [ 9, 12]])

# 矩阵和矩阵的乘法
>>> np.dot(a, b)
array([[ 6, 6],
       [14, 14]])

# 矩阵按位相乘
>>> a*b
```

```
array([[2, 4],
       [6, 8]])

>>> np.multiply(a, b)
array([[2, 4],
       [6, 8]])
```

3.1.4 矩阵的转置

设 $m×n$ 矩阵（m 行 n 列）：

$$A = \begin{bmatrix} a_{11} & a_{12} & ... & a_{1n} \\ a_{21} & a_{22} & ... & a_{2n} \\ \vdots & \vdots & & \vdots \\ a_{m1} & a_{m2} & ... & a_{mn} \end{bmatrix}$$

将其对应的行和列互换位置，得到一个 $n×m$ 的新矩阵，即：

$$\begin{bmatrix} a_{11} & a_{21} & ... & a_{m1} \\ a_{12} & a_{22} & ... & a_{m2} \\ \vdots & \vdots & & \vdots \\ a_{1n} & a_{2n} & ... & a_{mn} \end{bmatrix}$$

称为矩阵 A 的转置矩阵，记为 A^{T}。

从上面的定义可以看出，A 的转置为这样一个 $n×m$ 矩阵 B，B 的第 j 行第 i 列元素是 A 的第 i 行第 j 列元素，记为 $A^{T}=B$。

直观来看，将 A 的所有元素都按照行列数进行位置调换，即得到转置矩阵 B，如下：

$$\begin{bmatrix} a & b \\ c & d \\ e & f \end{bmatrix}^{T} = \begin{bmatrix} a & c & e \\ b & d & f \end{bmatrix}$$

A 和 B 是矩阵，K 是常数，则矩阵的转置基本性质如下：

$$(A \pm B)^{T} = A^{T} \pm B^{T}$$
$$(AB)^{T} = B^{T}A^{T}$$
$$(A^{T})^{T} = A$$
$$(KA)^{T} = KA^{T}$$

这些性质比较容易验证，具体的推导过程本书略过，有兴趣的读者可以根据矩阵的相关定义进行证明。

下面介绍用 Python 求矩阵的转置。

矩阵的转置操作在 NumPy 中使用运算符号"T"表示，具体代码如下。

```
import numpy as np
a = np.array([[1, 2], [3, 4]])
print(a.T)
```

3.1.5 矩阵的逆

在定义矩阵的逆之前，先介绍一下单位矩阵 E，主对角线上元素都为 1 的 n 阶对角矩阵如下：

$$\begin{bmatrix} 1 & 0 & \dots & 0 \\ 0 & 1 & \dots & 0 \\ \vdots & \vdots & & \vdots \\ 0 & 0 & \dots & 1 \end{bmatrix}$$

如果矩阵 A 是一个 n 阶方阵（行和列都等于 n 的矩阵），存在一个 n 阶方阵 B，使 $AB=BA=E$，则称矩阵 A 可逆，矩阵 B 为矩阵 A 的逆矩阵，简称逆阵。

如果方阵 A 可逆，则 A 的逆阵是唯一的，推理过程如下。

假设 B 和 C 都是 A 的逆阵，则 $AB=BA=E$，$AC=CA=E$，继而则 $B=BE=B(AC)=(BA)C=EC=C$，也就是 $B=C$。

通常方阵 A 的逆阵记为 A^{-1}，$AA^{-1}=A^{-1}A=E$。

下面介绍用 Python 求矩阵的逆。

矩阵求逆的操作用 inv 函数，具体代码如下。

```
import numpy as np
import numpy.linalg as lg


a = np.array([[1,2,3],[4,5,6],[7,8,9]])
>>>lg.inv(a)
array([[ 3.15251974e+15, -6.30503948e+15,  3.15251974e+15],
       [-6.30503948e+15,  1.26100790e+16, -6.30503948e+15],
       [ 3.15251974e+15, -6.30503948e+15,  3.15251974e+15]])
```

3.2 随机变量及概率分布

3.2.1 随机变量定义

样本空间是随机试验的所有结果的集合。在集合中的每个结果都可以被认为是对试验结束时现实世界状态的完整描述。

随机变量的定义：设 e 表示一次随机试验的结果，随机试验的样本空间为 $\Omega = \{e\}$，$X = X(e)$ 为定义在样本空间 Ω 上的实值单值函数，则称 $X = X(e)$ 为随机变量。这样一来，样本空间可以很好地映射到一系列的实值上，方便了接下来对各种性质的讨论。

随机变量可以分为离散型随机变量和非离散型随机变量，其中非离散型随机变量主要以连续型随机变量为主。

1. 离散型随机变量

随机变量可能取到的值是有限的，例如 $x \in \{1,2,3\}$，x 只能取集合 $\{1,2,3\}$ 中的值。

这里举一个离散型随机变量的例子加以说明。考虑一个试验，抛 10 枚硬币，想知道正面朝上硬币的数量。这里，样本空间 Ω 的元素是长度为 10 的序列。H 表示抛硬币得到正面，T 表示抛硬币得到反面，可能有样本集合 $w_0 = \{H,H,T,H,H,T,H,T,T,H\} \in \Omega$。然而，在实践中，这里的试验通常不关心获得任何特定正、反面序列的概率。相反，试验通常关心结果的实值函数，如 10 次中出现正面的次数，或者出现反面的最大次数。

在上面的试验中，假设 x 是在集合 w_0 中出现的正面的数量，抛硬币的次数只有 10 次，那么 x 的取值范围是 0～10，x 只能取有限的值，因此它是离散型随机变量。这里，与随机变量 x 相关联的集合 w_0 取某个特定值 k（k 的取值范围是 0～10）的概率为：$P(x=k)=P(\{w:x(w)=k\})$。

2. 连续型随机变量

随机变量可能取到的值是无限的，例如 $x\in(a,b)$，x 的取值是一个连续的范围。

假设 $x(w)$ 是一个随机变量，表示放射性粒子衰变所需的时间。在这种情况下，$x(w)$ 具有无限多的可能值，因此它是连续型随机变量。这里将 x 在两个实常数 a 和 b 之间的取值概率（其中 $a<b$）表示为：

$$P(a\leqslant x\leqslant b)=P(\{w:a\leqslant x(w)\leqslant b\})$$

3. 分布函数

定义：设 X 是一个随机变量，x 是任意实数，函数 $F(x)=P\{X\leqslant x\}$ 为 X 分布函数，有时也记为 $X\sim F(x)$。

因此，若已知 X 分布函数，就可以知道 X 落在任意区间上的概率。从这个意义上说，分布函数完整地描述了随机变量的统计规律性。

如果将 x 看成数轴上随机点的坐标，那么分布函数 $F(x)$ 在 x 处的函数值就表示 X 落在区间 $(-\infty,x)$ 上的概率。

性质：（1）$F(x)$ 是单调不减函数。

（2）$0\leqslant F(x)\leqslant 1$，且 $F(-\infty)=0,F(\infty)=1$。

（3）$F(x+0)=F(x)$，即 $F(x)$ 右连续。

3.2.2 离散型随机变量的概率分布

对于离散型随机变量 X，可以取的值有 $X_1,X_2,\cdots,X_n$，对应的概率为 $P(X_1),P(X_2),\cdots,P(X_n)$。

1. 伯努利分布

伯努利分布又称为 0-1 分布。伯努利试验是只有两种可能结果的单次随机试验，即对于一个随机变量而言，它只有两种结果。例如，硬币抛出正面的概率为 P（其中 $0\leqslant P\leqslant 1$），如果抛出正面，则为 1，否则为 0，这就是一个典型的伯努利分布，可表示为：

$$P(x)=\begin{cases}p &,x=1\\1-p &,x=0\end{cases}$$

伯努利分布的 Python 实现如下。

```
#数组模块导入
import numpy as np
#统计计算模块导入
from scipy import stats
#绘图模块导入
import matplotlib.pyplot as plt

#（1）定义随机变量：抛1次硬币，0代表失败，即反面朝上；1代表成功，即正面朝上
X=np.arange(0,2,1)
>>> X
array([0, 1])
```

```
#（2）求对应分布的概率：概率质量函数（Probability Mass Function，PMF）
#硬币正面朝上的概率
p=0.5
pList=stats.bernoulli.pmf(X,p)
>>> pList
array([0.5, 0.5])

#（3）绘图
#用来正常显示中文标签
plt.rcParams['font.sans-serif']=['SimHei']
#不需要将两点相连
plt.plot(X,pList,linestyle='None',marker='o')
#绘制竖线，参数说明：plt.vlines(x 坐标值,y 坐标最小值,y 坐标最大值)
plt.vlines(X,0,pList)
plt.xlabel('随机变量：抛 1 次硬币结果为反面记为 0，为正面记为 1')
plt.ylabel('概率值')
plt.title('伯努利分布：p=%0.2f'%p)
```

程序运行结果如图 3-1 所示。

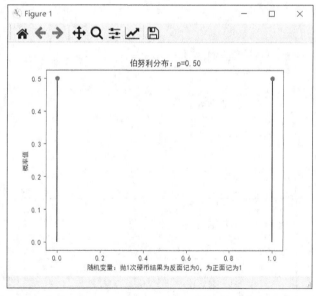

图 3-1　伯努利分布程序运行结果

2．二项分布

如果试验 E 是一个伯努利试验，将 E 独立重复地进行 n 次，则称这一串重复的独立试验为 n 重伯努利试验。二项分布是 n 重伯努利试验成功次数的离散概率分布。x 表示抛出正面概率为 P（其中 $0 \leqslant P \leqslant 1$）的硬币在 n 次独立抛掷中出现正面的数量。

$P(x) = \begin{bmatrix} n \\ x \end{bmatrix} p^x (1-p)^x$，$\begin{bmatrix} n \\ x \end{bmatrix}$ 表示组合数 C_n^x。

二项分布的 Python 实现如下。

```
#数组模块导入
import numpy as np
#统计计算模块导入
from scipy import stats
#绘图模块导入
import matplotlib.pyplot as plt

#（1）定义随机变量：抛5次硬币，正面朝上的次数
#做某件事的次数
n=5
#做成功某件事的概率
p=0.5
X=np.arange(0,n+1,1)
>>> X
array([0, 1, 2, 3, 4, 5])

#（2）求对应概率分布
#参数含义为：n为试验次数，p为单次试验成功的概率
pList=stats.binom.pmf(X,n,p)
>>> pList
array([0.03125, 0.15625, 0.3125 , 0.3125 , 0.15625, 0.03125])

#（3）绘图
plt.rcParams['font.sans-serif']=['SimHei']
plt.plot(X,pList,linestyle='None',marker='o')
plt.vlines(X,0,pList)
plt.xlabel('随机变量：抛5次硬币，正面朝上的次数')
plt.ylabel('概率值')
plt.title('二项分布：n=%i,p=%0.2f'%(n,p))
plt.show()
```

程序运行结果如图 3-2 所示。

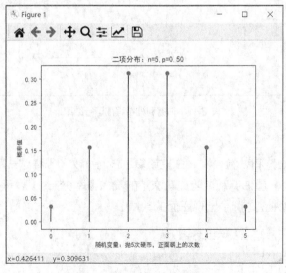

图 3-2   二项分布程序运行结果

3. 几何分布

几何分布与二项分布类似，也是由 n 重伯努利分布构成的。随机变量 x 表示第一次成功所进行试验的次数，则随机变量 x 的概率分布表示为：

$$P(k) = P(x = k) = p(1 - p)^k, k = 1, 2, 3, \cdots$$

这里编写一个简单的程序来模拟表白的场景，每次获得一个随机输入，输入数据是 0 或者 1，这就是随机变量。当输入 n 次后，可以得到 n 次试验后的结果，随机变量是 1 的概率和随机变量是 0 的概率呈几何分布。

代码如下。

```python
#数组模块导入
import numpy as np
#统计计算模块导入
from scipy import stats
#绘图模块导入
import matplotlib.pyplot as plt

#（1）定义随机变量：首次成功所需次数 k
#做某件事的次数
k=5
#做成功某件事的概率
p=0.6
X=np.arange(1,k+1,1)
# X
# >>>
# array([1, 2, 3, 4, 5])

#（2）求对应分布的概率
#参数含义为：pmf(第 X 次成功,单次试验成功概率为 p)
pList=stats.geom.pmf(X,p)
# pList
# >>>
# array([0.6, 0.24, 0.096, 0.0384 , 0.01536])

#（3）绘图
plt.rcParams['font.sans-serif']=['SimHei']
plt.plot(X,pList,linestyle='None',marker='o')
plt.vlines(X,0,pList)
plt.xlabel('随机变量：表白 k 次才首次成功')
plt.ylabel('概率值')
plt.title('几何分布：p=%0.2f'%p)
plt.show()
```

程序运行结果如图 3-3 所示。

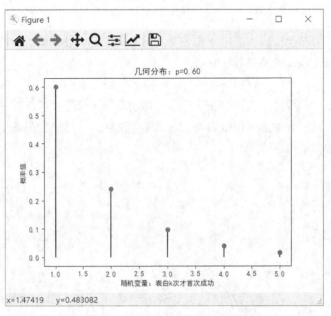

图 3-3　几何分布程序运行结果

3.2.3　连续型随机变量及其概率密度函数

对于随机变量 X，其分布函数为 $F(x)$，若存在一个非负的可积函数 $f(x)$，使得对任意实数 x，有：

$$F(x) = \int_{-\infty}^{x} f(t)\mathrm{d}t$$

则称 X 为连续型随机变量。其中 $f(x)$ 为 X 的概率分布密度函数，简称概率密度函数，记为 $X{\sim}f(x)$。

概率密度函数的积分，即函数 $f(x)$ 与 x 轴围成的面积，是随机变量落入某一区间的概率，如图 3-4 所示。

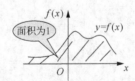

图 3-4　概率密度函数的积分

$f(x)$ 的性质如下。

（1）$f(x) \geq 0$。

（2）$\int_{-\infty}^{+\infty} f(x)\mathrm{d}x = 1$。

（3）若 $f(x)$ 在 x 点连续，则 $F'(x) = f(x)$。

注意：连续型随机变量的分布函数 $F(x)$ 是连续函数。

有 3 种常见的连续型随机变量的分布，具体介绍如下。

1.　均匀分布

随机变量落入 (a,b) 中任意等长度的子区间内的可能性是相同的。或者说它落入 (a,b) 的概率只依赖于子区间内的长度而与子区间的位置无关，表示为 $X{\sim}U(a,b)$。

$$f(x) = \begin{cases} \dfrac{1}{b-a} & , \ a < x < b \\ 0 & , \ \text{其他} \end{cases}$$

```
'''
均匀分布
'''
#数组模块导入
import numpy as np
#统计计算模块导入
from scipy import stats
#绘图模块导入
import matplotlib.pyplot as plt

#（1）定义随机变量：-4 到 4 之间的落点
X = np.arange(-4,4,0.1)
print(X)



#（2）求对应分布的概率
#参数含义为：loc 表示从-4 开始，scale 表示均匀分布的区间是 8
pList = stats.uniform.pdf(X,loc =-4 ,scale=8)
print(pList)

#（3）绘图
plt.rcParams['font.sans-serif']=['SimHei']
#用来正常显示负号
plt.rcParams['axes.unicode_minus']=False
plt.plot(X,pList,linestyle='-')
# plt.vlines(X,pList,linestyle='-')
plt.xlabel('随机变量：-4 到 4 之间的落点')
plt.ylabel('概率值')
plt.title('均匀分布')
plt.show()
```

程序运行结果如图 3-5 所示。

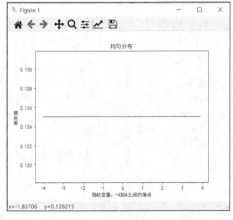

图 3-5   均匀分布程序运行结果

2. 指数分布

$\lambda > 0$ 是分布的一个参数，常被称为率参数（Rate Parameter），即每单位时间内发生某事件的次数。指数分布的区间是 $[0, \infty)$。如果一个随机变量 X 呈指数分布，则可以写成 $X \sim E(\lambda)$。

$$f(x) = \begin{cases} \lambda e^{-\lambda x}, & x \geq 0 \\ 0, & \text{其他} \end{cases}$$

指数分布在不同的教材有不同的写法，$\theta = 1/\lambda$，其中 $\theta > 0$ 为常数，则称 X 服从参数 θ 的指数分布，指数分布又可以写成：

$$f(x) = \begin{cases} \dfrac{1}{\theta} e^{-\frac{1}{\theta} x}, & x \geq 0 \\ 0, & \text{其他} \end{cases}$$

指数分布的 Python 实现如下。

```
'''
指数分布
'''
#数组模块导入
import numpy as np
#统计计算模块导入
from scipy import stats
#绘图模块导入
import matplotlib.pyplot as plt

#（1）定义随机变量：从上次发车开始，等公交车的时间
#公交车的时间间隔是 10 分钟
tau = 10
lam = 1/tau
#
X = np.arange(0, 80,0.1)
print(X)


#（2）求对应分布的概率
#参数含义为：scale 表示事件发生的时间间隔
pList = stats.expon.pdf(X, scale=tau)
print(pList)

#（3）绘图
plt.rcParams['font.sans-serif']=['SimHei']
plt.plot(X,pList,linestyle='-')
# plt.vlines(X,pList,linestyle='-')
plt.xlabel('随机变量：从上次发车开始，等公交车的时间')
plt.ylabel('概率值')
plt.title('指数分布: lambda=%0.2f'%lam)
plt.show()
```

程序运行结果如图 3-6 所示。

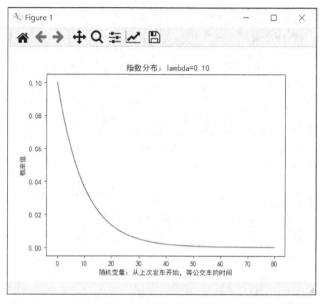

图 3-6　指数分布程序运行结果

3. 高斯分布

高斯分布又称正态分布，若随机变量 X 服从一个位置参数为 μ、尺度参数为 σ 的概率分布，且其概率密度函数为：

$$f(x) = \frac{1}{\sqrt{2\pi}\sigma} e^{-\frac{1}{2\sigma^2}(x-\mu)^2}$$

则随机变量 X 服从正态分布，记为 $X \sim N(\mu, \sigma^2)$。当 $\mu=0$，$\sigma=1$ 时的正态分布是标准正态分布。

下面给出一个标准正态分布的 Python 实例。

```
'''
标准正态分布
'''
#数组模块导入
import numpy as np
#统计计算模块导入
from scipy import stats
#绘图模块导入
import matplotlib.pyplot as plt

#（1）定义随机变量
#均值
mu=0
#标准差
sigma=1
X=np.arange(-5,5,0.1)

#（2）求对应分布的概率
#参数含义为：pdf(发生 X 次事件,均值为 mu,标准差为 sigma)
pList=stats.norm.pdf(X,mu,sigma)
```

```
#（3）绘图
plt.rcParams['font.sans-serif']=['SimHei']
#用来正常显示负号
plt.rcParams['axes.unicode_minus']=False
plt.plot(X,pList,linestyle='-')
plt.xlabel('随机变量: x')
plt.ylabel('概率值: y')
plt.title('正态分布: $\mu$=%0.1f, $\sigma^2$=%0.1f'%(mu,sigma))
plt.show()
```

程序运行结果如图 3-7 所示。

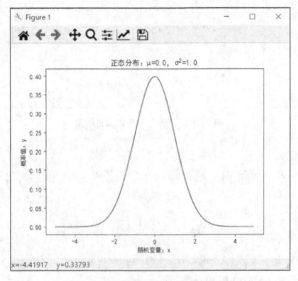

图 3-7　标准正态分布程序运行结果

本章小结

　　本章先介绍了矩阵的基本知识，并使用 Python 进行了基本的矩阵运算举例说明，然后介绍了随机变量以及常见的概率分布，并使用 Python 相关库进行了举例说明，运行程序后的分布图可以非常直观地体现各概率分布的特点。

第4章
搭建一个简单的神经网络

卷积神经网络是一种多层神经网络，擅长处理图像特别是大图像的相关机器学习问题。本章将主要介绍卷积神经网络的组成，以及如何通过 Keras 搭建一个简单的神经网络。

4.1 卷积神经网络的组成

卷积神经网络的作用就是对图像进行卷积操作，进行特征提取。图像是由一个个像素构成的，每个像素有 3 个通道，分别代表 R、G、B 颜色，每个通道用一个值表示，范围是 0～255。卷积操作就是对像素的值进行运算。下面介绍图像的尺寸。如果一幅图像的尺寸是(28,28,1)，即代表这幅图像是一幅长和宽均为 28、通道为 1 的图像（1 表示只有一个通道，代表灰色图像）。

那么，卷积神经网络（Convolutional Neural Network，CNN）对图像进行特征提取后的效果是怎样的呢？这里以图 4-1 为例来进行说明，图 4-2 是经过一次卷积神经网络运算后的图像，从两张图的对比上可以看出，卷积神经网络提取了原始图的轮廓特征。

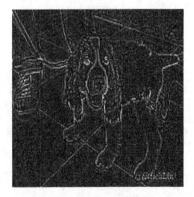

图 4-1　原始图　　　　　　　　　　图 4-2　卷积后的效果

4.1.1 卷积层

卷积神经网络中每个卷积层（Convolutional Layer）由若干卷积单元组成，每个卷积单元的参数都是通过反向传播算法最优化得到的。卷积层就是一种卷积运算，卷积运算的目的是提取输入的不同特征。

卷积神经网络是如何运算的呢？首先，需要了解一下卷积核。图 4-3 展示了一个 3×3 卷积核，卷积核也称为算子。

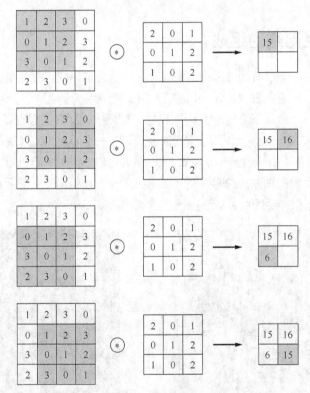

图 4-3 3×3 卷积核

卷积运算过程如下（见图 4-4）。

（1）先以随机的方式产生卷积核，卷积核的大小是 3×3。

（2）将要转换的图像从左到右、自上而下，按序选取 3×3 的矩阵。

（3）图像选取的矩阵（3×3）与卷积核（3×3）相乘，产生内积和。

图 4-4 卷积运算

接下来使用 OpenCV 来实现一个图像卷积的实例，卷积前的图像如图 4-5 所示，选取 [[-1,-1,0],[-1,0,1],[0,1,1]] 作为卷积核，卷积运算的代码如下。

```
import cv2
import numpy as np

img = cv2.imread("butterfly.jpg")
kernel = np.array([[-1,-1,0],[-1,0,1],[0,1,1]])
res = cv2.filter2D(img,-1,kernel)
cv2.imshow("result",res)
cv2.waitKey(0)
```

运行结果如图 4-6 所示。

图 4-5　卷积前的图像

图 4-6　卷积后的效果

卷积运算后的效果类似滤镜效果，可以提取不同的特征，如边缘、线条和角等。

4.1.2　池化层

池化层（Pooling Layer）用于对图像进行重采样，减少计算量，常用的池化操作是最大池化 (MaxPooling)，最大池化操作可以对图像进行缩减采样。如图 4-7 和图 4-8 所示，原始图像大小为 4×4，经过最大池化操作后，图像大小为 2×2。

1	1	2	4
5	6	7	8
3	2	1	0
1	2	3	4

图 4-7　最大池化操作前

6	8
3	4

图 4-8　最大池化操作后

如图 4-9 所示，左上角 4 个数字 1、1、5、6 中最大的是 6，所以计算结果是 6；右上角的 2、4、7、8 中最大的是 8，所以计算结果为 8；左下角的 3、2、1、2 中最大的是 3，所以计算结果是 3；右下角 1、0、3、4 中最大的是 4，所以右下角计算结果是 4。

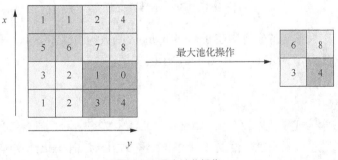

图 4-9　最大池化操作

图 4-9 使用最大池化操作缩减采样，进行图像的转换，将原本图像缩小一半，但是不会改变图像的数量。使用缩减采样缩小图像有以下好处。

（1）减少需要计算的数据点。

（2）让图像位置差异变小。

（3）使参数的数量和计算量下降。

4.1.3　激活函数

激活函数也称激励函数，它是指将"神经元"的特性保留并进行映射，这样人工神经网络就可以用来解决非线性问题。

如果不用激活函数（其实相当于激活函数是 $f(x)=x$），每一层节点的输入都是上层输出的线性函数。很容易验证，无论神经网络有多少层，输出都是输入的线性组合，与没有隐藏层效果相当。这种情况就是最原始的感知机，网络的逼近能力相当有限。此时需要引入非线性函数作为激活函数，这样深层神经网络的表达能力就更加强大（不再是输入的线性组合，而是几乎可以逼近任意函数）。

下面介绍几种常见的激活函数。

1. Sigmoid 函数

Sigmoid 函数的数学公式是：$f(x)=\dfrac{1}{1+e^{-x}}$。Sigmoid 函数的图像如图 4-10 所示。

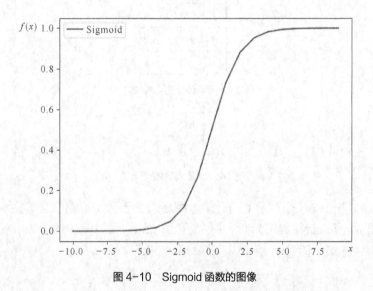

图 4-10　Sigmoid 函数的图像

Sigmoid 函数可以把输出的值控制在 0～1。Sigmoid 函数的优点如下。

（1）输出范围有限，优化稳定，可以用作输出层。

（2）求导容易。

2. ReLU 函数

ReLU 函数的数学公式是：$\text{ReLU}=\max(0,x)$。ReLU 函数的图像如图 4-11 所示。

当输入信号为负数时，函数输出值为 0；当输入信号为正数时，输出值为输入值。ReLU 函数只需要给一个边界值即可获得激活值，无须进行大量复杂运算。

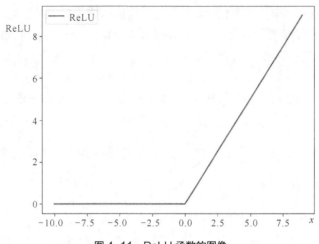

图 4-11　ReLU 函数的图像

ReLU 函数其实就是一个取最大值函数，注意其并不是全区间可导的，但是可以取局部可导，如图 4-11 所示。ReLU 函数虽然简单，但却是深度学习常用的激活函数，它有以下优点。

（1）在正区间解决了梯度消失问题。

（2）计算速度非常快，只需要判断输入是否大于 0。

（3）收敛速度远快于其他激活函数。

3．Softmax 函数

深度神经网络最后一层中常用的激活函数就是 Softmax 函数。Softmax 函数通常有多个输出值，通常来说，有多少种分类就有多少个输出值。Softmax 函数的数学公式是：$\mathrm{Softmax}(\theta_i) = \dfrac{\mathrm{e}^{\theta_i}}{\sum\limits_{i=1}^{n}\mathrm{e}^{\theta_i}}$ 。

4.1.4　全连接层

全连接层（Fully Connected Layer）的作用是分类，其每一个节点都与上一层的所有节点相连接，用来把前面提取到的特征综合起来。图 4-12 是一个对绿色、蓝色、紫色、红色等颜色进行预测的 Softmax 函数示例。

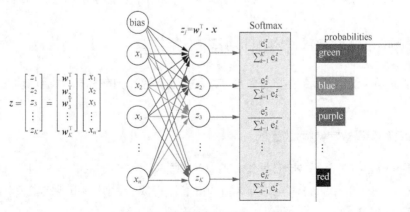

图 4-12　多分类中的 Softmax 函数

先看一下计算方式：全连接层将权重矩阵与输入向量相乘再加上偏置项，将 n 个$(-\infty,+\infty)$的实数映射为 K 个$(-\infty,+\infty)$的实数（分数）；Softmax 函数将 K 个$(-\infty,+\infty)$的实数映射为 K 个$(0,1)$的实数（概率），同时保证它们的和为 1。具体如下：

$$\hat{y} = \text{Softmax}(z) = \text{Softmax}(W^\text{T} X + b)$$

其中，x 为全连接层的输入，W^T 为权重，b 为偏置顶，$\hat{y}$ 为 Softmax 输出的概率。

相对于$(-\infty,+\infty)$的分数，概率天然具有更好的可解释性，让后续取阈值等操作顺理成章。经过全连接层，可以获得 K 个类别在$(-\infty,+\infty)$的分数 z_j，为了得到属于每个类别的概率，先通过 e^{z_j} 将分数映射到$(0,+\infty)$，然后再归一化到$(0,1)$，这便是 Softmax 函数的思想。

$$\hat{y}_j = \text{Softmax}(z_j) = \frac{e^{z_j}}{\sum_{j=1}^{k} e^{z_j}}$$

4.1.5 损失函数

损失函数的作用就是描述模型的预测值与真实值之间的差距大小。损失函数就是优化的目标函数，它寻找预测值和真实值之间的误差来帮助训练机制随时优化参数，以便于找到网络的最高精度下的参数。这与日常生活中的很多事情相似，例如，在倒车入库操作中，倒车的同时驾驶员会一边打方向盘一边看后视镜（具备自动倒车入库功能的车除外），根据后视镜中看到的停车线，可随时调整车辆以便能够准确入库，这个停车线就是标准。总体来说，损失函数用于指导模型在训练过程中朝着收敛的方向前进。

下面介绍几种常见的损失函数。

1. 对数损失函数

对数损失函数的标准形式是：$L(Y, P(Y \mid X)) = -\log P(Y \mid X)$。表示样本在分类 Y 的情况下，使得概率 $P(Y \mid X)$ 达到最大值。由于对数 $\log P(Y \mid X)$ 是单调递增的，因此对数损失函数会达到最大值，加上负号后，会达到最小值。

2. 平方误差损失函数

平方误差损失函数的标准形式是：$L(Y, f(x)) = (Y - f(x))^2$。$Y - f(x)$ 表示的是预测值和真实值之间的误差，$L(Y, f(x)) = (Y - f(x))^2$ 表示的是误差的平方和，目的就是求该目标函数的最小值。

4.2 实例——手写数字识别神经网络搭建

MNIST 手写数字识别模型的主要任务是：输入一张手写数字的图像，然后识别图像中手写的是哪个数字。

4.2.1 MNIST 手写数字数据集简介

MNIST 是一个经典的手写数字数据集，来自美国国家标准与技术研究院，由不同人手写的 0～9 的数字构成，由 60000 个训练样本和 10000 个测试样本构成，每个样本的尺寸为 28 像素×28 像素，以二进制格式存储，如图 4-13 所示。

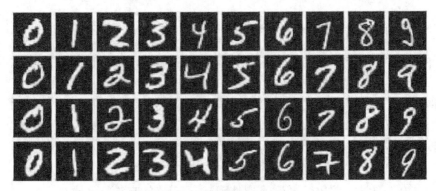

图 4-13　数据集样例（1）

如果提取训练图像和训练标签中的一些数据，并进行可视化操作，可以得到图 4-14 所示的结果。

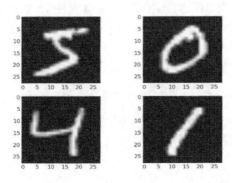

5 0 4 1

图 4-14　数据集样例（2）

但是，事实上提取的并不是图像，而是数组。图像是由 RGB（红、绿、蓝）三原色组成的，那些色彩丰富的图像实际上可以理解为由 3 种不同颜色的纸张重叠起来的显示效果。这样说或许有些抽象，接下来以 MNIST 数据集为例，探索图像数组的实际意义。

如图 4-15 所示，MNIST 数据集的图像实际上是一维的。也就是说，它没有 RGB 颜色的区分，它所表现的是一个名为灰度的色彩空间，这个色彩空间取值为 0～255，越接近 0，图像显示越暗；越接近 255，图像显示越亮。也就是说，这是一个只有黑、白、灰色的"世界"。

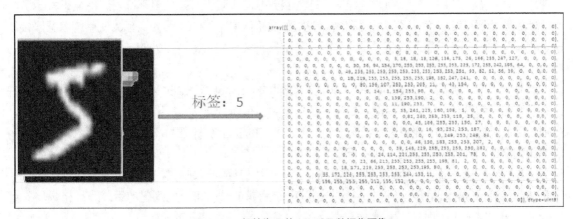

图 4-15　标签为 5 的 MNIST 数据集图像

4.2.2　MNIST 手写数字识别神经网络搭建

在前面的学习中，读者大概已经了解了一个基本的 Keras 模型是如何搭建起来的。接下来，本实例使用 Keras 对 MNIST 数据集进行分类。

学习完前面的计算卷积操作之后，可以搭建一个 CNN 手写数字识别神经网络，它比前面直接用全连接的方式得到的效果更好。具体步骤为：数据集预处理、搭建模型、训练模型、评估准确率。

1.　数据集预处理

在使用 MNIST 数据集之前，需要先下载 MNIST 数据集。在 TensorFlow 的学习过程中，我们已经下载好了 MNIST 数据集，如果没有也可以使用 Keras 自带的方法进行下载。

这里使用前文提到的 MNIST 数据集，不同的是，不需要把数据展平成 784×1 的向量，只需要把完整的图像输入网络就可以了。

首先，对 MNIST 数据集做归一化处理。在 MNIST 数据集中，图像是由 28 像素×28 像素的单通道图像组成的，每个像素的值都是 0～255，这个范围其实并不方便用来计算，所以需要进行归一化处理：把图片像素的值转化为 0～1。具体操作代码如下。

```
from tensorflow.keras.datasets import mnist
from tensorflow.keras import  utils
from tensorflow.keras.models import Sequential
from tensorflow.keras.layers import Dense,Dropout,Convolution2D,MaxPool2D,Flatten
from tensorflow.keras.optimizers import SGD,Adam


#载入数据
(x_train,y_train),(x_test,y_test) = mnist.load_data()
x_train = x_train.reshape(-1,28,28,1)/255.
x_test = x_test.reshape(-1,28,28,1)/255.
```

接着，需要对数据标签进行处理。MNIST 数据集其实是一个 0～9 的 10 分类的数据集。一般来说，在进行训练之前，需要把类别数据转换成数值数据。类别数据即 0～9 共 10 个类别，可以这么理解：有一个分类数据集，类别分别是猫、狗、马、牛等动物，这些标签就是类别数据；而数值数据则是对这些类别进行排序，比如猫是 1、狗是 2……

那么如何将类别数据转换成数值数据呢？有两个方法。首先是整数编码，正如前面所说的，如果使用 1 表示猫，使用 2 表示狗，这样就被称为整数编码。对于某些变量来说，这种编码就够了。

但是对于不存在次序关系的类别变量，使用整数编码是不够的。因为实际上使用整数编码会让模型假设类别间存在自然的次序关系，从而导致结果不佳，或者得到意外的结果，如预测值落在两个类别中间。

这种情况下，就要对整数使用独热编码了，也就是 one-hot 编码。独热编码会去除整数编码，并为每个整数值都创建一个二值变量。如在动物分类中，有猫、狗、马、牛共 4 个类别，因此需要 4 个二值变量进行编码，对应的动物的位置上被标记为"1"，其他位置则会标记为"0"，如图 4-16 所示。

猫	[1,0,0,0]
狗	[0,1,0,0]
马	[0,0,1,0]
牛	[0,0,0,1]

其实这种编码方式并不复杂，而且在 TensorFlow 中已经预置好对应的接口，只需要编写简单的代码调用即可，调用代码如下。感兴趣的读者可以把编码前后的数据输出对比一下，观察结果是否一致。

图 4-16　独热编码

```
y_train = utils.to_categorical(y_train)
y_test = utils.to_categorical(y_test)
```

独热编码后的数据对比如图 4-17 所示（图 4-17（a）所示的是编码前，图 4-17（b）所示的是编码后）。

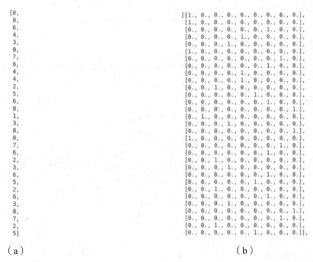

（a）   （b）

图 4-17　独热编码后的数据对比

2．搭建模型

接下来需要搭建一个模型，并添加一个卷积层，代码如下。

```
model = Sequential()
model.add(Convolution2D(
    input_shape=(28,28,1),
    filters=32,
    kernel_size=5,
    strides=1,
    padding="same",
    activation="relu"
))
```

在这个卷积层中，定义输入的图像为 28 像素×28 像素。输出为 32 幅 28 像素×28 像素的卷积后的图像，表 4-1 给出了详细的参数说明。

表 4-1　参数说明

参数	说明
input_shape=(28,28,1)	输入图像为 28 像素×28 像素单通道
filters=32	使用 32 个滤波器进行卷积操作
kernel_size=5	卷积核大小为 5×5
strides=1	步长为 1（每次平移一格）
padding="same"	使卷积前后尺寸一致
activation="relu"	选择 ReLU 作为激活函数

卷积层之后是池化层，代码如下。

```
model.add(MaxPool2D(
    pool_size=2,
    strides=2,
    padding="same"
))
```

然后，进行一次卷积池化操作。

```
model.add(Convolution2D(64,5,strides=1,padding="same",activation="relu"))
model.add(MaxPool2D(2,2,"same"))
```

最后进入平坦层和隐藏层，代码如下。

```
model.add(Flatten())
model.add(Dense(1024,activation="relu"))
model.add(Dropout(0.4))
model.add(Dense(512,activation="relu"))
model.add(Dropout(0.4))
model.add(Dense(10,activation="SoftMax"))
```

可以使用下面的代码可视化模型的结构。

```
model.summary()
```

模型结构的输出如图 4-18 所示。

```
Model: "sequential"

Layer (type)                 Output Shape              Param #
=================================================================
conv2d (Conv2D)              (None, 28, 28, 32)        832

max_pooling2d (MaxPooling2D) (None, 14, 14, 32)        0

conv2d_1 (Conv2D)            (None, 14, 14, 64)        51264

max_pooling2d_1 (MaxPooling2 (None, 7, 7, 64)          0

flatten (Flatten)            (None, 3136)              0

dense (Dense)                (None, 1024)              3212288

dropout (Dropout)            (None, 1024)              0

dense_1 (Dense)              (None, 512)               524800

dropout_1 (Dropout)          (None, 512)               0

dense_2 (Dense)              (None, 10)                5130
=================================================================
Total params: 3,794,314
Trainable params: 3,794,314
Non-trainable params: 0
```

图 4-18　模型结构的输出

3. 训练模型

Adam 算法是梯度下降算法中的一种，它的迭代速度很快，被作为一种常用的迭代器使用，下面是采用 Adam 算法进行迭代的代码。

```
adam = Adam(lr=1e-4)
model.compile(optimizer=adam,loss="categorical_crossentropy",metrics=["accuracy"])
```

```
model.fit(x_train,y_train,batch_size=64,epochs=10)
```

4. 评估准确率

x_test 和 y_test 统称测试集，x_test 代表测试数据，y_test 代表测试数据的标签，使用训练好的模型对 x_test 和 y_test 进行测试，代码如下。

```
loss,acc = model.evaluate(x_test,y_test)
print(loss,acc)
```

结果如下，训练集准确率达到了 99.12%，同时测试集准确率达到了 99.13%。

```
9888/10000 [============================>.] - ETA: 0s - loss: 0.0359 - accuracy: 0.9912
10000/10000 [=============================] - 5s 470us/sample - loss: 0.0355 - accuracy: 0.9913
0.03552151722483054 0.9913
```

搭建完成后可以对训练的结果进行测试。加载一张图像，将其输入模型中，获得模型的输出，就可以得到最终的预测结果了，代码如下。

```
import cv2
import numpy as np
#预测结果
image=cv2.imread(r'0.jpg')
#缩放图像（大小和训练图像的一致）
image=cv2.resize(image,(28,28))
#转化为单通道（通道数和训练图像的一致）
image=cv2.cvtColor(image,cv2.COLOR_BGR2GRAY)
image=np.array(image)
image=image.reshape(-1,28,28,1)
w=model.predict(image)
print('最终预测结果;',w.argmax())
```

运行结果如图 4-19 所示。

图 4-19　模型预测结果为 0

本章小结

本章介绍了神经网络在搭建过程中的关键技术，包括卷积层、池化层、全连接层、激活函数、损失函数的基本原理。最后，通过手写数字识别综合实例讲解了 Keras 如何搭建一个简单的神经网络完成分类任务。

第5章
模型评估及模型调优

"没有测量，就没有科学"，这是科学家门捷列夫的名言。在计算机科学中，特别是在机器学习领域，对模型的测量和评估同样至关重要。只有选择与问题相匹配的评估方法，才能够快速地发现在模型选择和训练过程中可能出现的问题，迭代地对模型进行优化。

5.1 评估指标

当训练好一个模型之后，需要对模型进行评估，评估可以反映出模型的各种指标优劣。举个例子：假定果农拉来一车苹果，用训练好的模型对这些苹果进行判别，最简单的办法是使用错误率来衡量有多少比例的苹果被判别错误。但是如果我们关心的是"挑出的苹果中有多少比例的苹果是好的苹果"，或者"所有好的苹果中有多少比例被挑出来了"，那么单纯地使用错误率就变得不够用了。所以我们就需要引入新的评估指标进行度量，如"查准率""查全率"等更适合此类需求的评估指标。

在了解评估指标之前，必须先了解什么是混淆矩阵（Coufusion Matrix）。混淆矩阵是评估模型结果的指标，属于模型评估的一部分。此外，混淆矩阵多用于判断分类器（Classifier）的优劣，适用于分类型的数据模型，如分类树（Classification Tree）、逻辑回归（Logistic Regression）、线性判别分析（Linear Discriminant Analysis）等方法。所谓混淆矩阵就是根据分类时预测结果与实际情况的对比做出的表格，如表 5-1 所示。其中 Positive 代表正类、Negative 代表负类、Predicted 代表预测结果、Actual 代表实际情况。

表 5-1　混淆矩阵

Confusion Matrix		Predicted	
		Positive	Negative
Actual	Positive	TP	FN
	Negative	FP	TN

表 5-1 中的指标解释如下。

TP 表示 True Positive，即真正：将正类预测为正类的数量。

FP 表示 False Positive，即假正：将负类预测为正类的数量，可以称为误报率。

TN 表示 True Negative，即真负：将负类预测为负类的数量。

FN 表示 False Negative，即假负：将正类预测为负类的数量，可以称为漏报率。

5.1.1　准确率

在深度学习中，最简单、最常使用的评估指标就是准确率（Accuracy），它可以从某种意义上判断出一个模型是否有效准确率的公式如下：

$$Accuracy = \frac{TP + TN}{TP+TN+FP+FN}$$

但是，它并不总是能有效地评估一个分类器的工作。举个例子：某个学校共有 1000 个人，假设女生只有 10 个人，女生人数占学校总人数的比例为 1%，而男生人数占学校总人数的比例为 99%。如果让模型来判断这个学校所有人的性别，假设模型将所有人的性别预测为男性，这样模型预测的准确率也可以达到 99%。由此可以看出，在正、负样本不均衡的情况下，准确率作为评估指标是不合适的。

使用 Python 来计算准确率的代码如下。

```
true = [0,1,0,1,0,1,0,1,1,1]
pred = [0,1,0,1,0,0,0,1,0,1]
accuracy=0
for index,value in enumerate(pred):
    if value == true[index]:
        accuracy+=1
print('accuacry:%.2f%%'%(accuracy/len(true)*100))
```

5.1.2　查准率

查准率（Precision）又叫精确率，它表示被正确检索的样本数与被检索到的样本总数之比，简单地说查准率是识别正确的结果在所识别出的结果中所占的比例。查准率的公式为：

$$Precision = \frac{TP}{TP + FP}$$

举个例子：一个班有 50 个人，在某一次考试中有 40 人及格，有 10 人不及格。现在需要使用一些特征训练出一个模型来预测及格学生的人数。某一个模型执行下来，给出了 39 人及格的答案。这 39 人中，有 37 人确实及格了，但是有 2 人是不及格的，所以它的查准率应该是 Precision=37/39≈0.949。

使用 Python 计算查准率的代码如下。

```
true = [0,1,0,1,0,1,0,1,1,1]
pred = [0,1,0,1,0,0,0,1,1]
precision=0
for index,value in enumerate(pred):
    if value == true[index]:
        precision+=1
print('precision:%.2f%%'%(precision/len(pred)*100))
```

5.1.3　召回率

召回率（Recall）又叫查全率，它表示被正确检索的样本数与应当被检索到的样本数之比。从概念上看，查准率和召回率是一对相互矛盾的指标，一般而言，查准率高时，召回率往往偏低；召回率高时，查准率往往偏低。召回率的公式为：

$$Recall = \frac{TP}{TP + FN}$$

召回率可以直观地理解，例如，如果希望好的苹果尽可能多地选出来，则可以通过增加选中苹果的数量来实现。如果将所有苹果都选上了，那么所有好苹果也必然被选上，但是这样查准率就会变低；如果希望选出的苹果中好苹果的比例尽可能高，则只选最有把握的苹果，但这样难免会漏掉不少好苹果，导致召回率较低。通常只有在一些简单任务中，才可能使召回率和查准率都很高。

使用 Python 计算召回率的代码如下。

```python
true = [0,1,0,1,0,1,0,1,1,1]
pred = [0,1,0,1,0,0,0,1,1,1]

# 应当被检索到的样本数
index_1_num = str(true).count("1")
recall=0
for index,value in enumerate(pred):
    # 被正确检索的样本数
    if value == true[index] and value==1:
        recall+=1
print('recall:%.2f%%'%(recall/index_1_num*100))
```

5.1.4　F1 值

F1 值（F1 Score）是统计学中用来衡量二分类模型精度的一种指标。它同时兼顾了分类模型的查准率和召回率。F1 值可以看作模型查准率和召回率的一种调和平均，它的最大值是 1，最小值是 0。F1 值的公式如下。

$$F1 = \frac{2 \times Precision \times Recall}{Precision + Recall}$$

使用 Python 计算 F1 值的代码如下：

```python
true = [0,1,0,1,0,1,0,1,1,1]
pred = [0,1,0,1,0,0,0,1,1,1]

# 应当被检索到的样本数
index_1_num = str(true).count("1")

recall=0
precision=0
for index,value in enumerate(pred):
    if value == true[index] and value==1:
        recall+=1
    if value == true[index]:
        precision+=1
precision=precision/len(pred)*100
recall=recall/index_1_num*100
print('f1:%.2f%%'%((2*precision*recall)/(precision+recall)))
```

5.1.5　ROC 与 AUC

受试者工作特征曲线（Receiver Operating Characteristic Curve，ROC）源于军事领域，而后在医

学领域应用甚广，其名称也正是来自医学领域。

ROC 的 x 轴表示假阳性率（False Positive Rate，FPR），y 轴表示真阳性率（True Positive Rate，TPR），也就是召回率。ROC 越陡，表示模型效果越好。

曲线下面积（Area Under Curve，AUC）表示 ROC 与坐标轴围成的面积，显然这个面积的数值不会大于 1。又由于 ROC 一般都处于 $y=x$ 这条直线的上方，因此 AUC 的取值范围为 0.5～1。AUC 越大表示模型效果越好。

使用 Python 绘制 ROC 和 AUC 的代码如下。

```
#导入要用的库
from sklearn.metrics import roc_curve
from sklearn.metrics import roc_auc_score as AUC
import matplot.pyplot as plt


true = [0,1,0,1,0,1,0,1,1,1]
pred = [0,1,0,1,0,0,0,1,1,1]

# 利用roc_curve函数获得的FPR和recall都是一系列值
FPR, recall, thresholds = roc_curve(true,pred)
# 计算AUC
area = AUC(test_prob["1"], test_prob["0"])

# 画图
plt.figure()
plt.plot(FPR,recall,label='ROC curve (Auc=%0.2f)' % area)
plt.xlabel('False Positive Rate')
plt.ylabel('True Positive Rate')
plt.legend(loc="lower right")
plt.show()
```

5.2 数据集处理

数据集处理是建立机器学习模型的第一步，也很可能是最重要的一步，对最终结果有决定性作用：如果数据集没有完成处理，那么模型很可能也不会有效。通常，数据集处理是非常枯燥的任务，但处理的结果能表现出专业和业余之间的差别。

5.2.1 数据集划分

假设在训练模型时，得到了一个较高的准确率，如达到了 99%，训练误差只有 1%。本以为此模型在用于评估新样本时，可以得到好的评估结果，但意外的是，评估结果竟然十分差。所以，这样的模型好不好呢？

实际上，人们希望的是，一个模型在新样本上能够得到好的评估结果。所以说，当模型把训练样本训练得太好了，很有可能是已经把训练样本自身的一些特点当作了所有潜在样本都会具有的一般性质，这样泛化能力也就降低了。这样的情况可以称为过拟合。所以，需要一个测试集来测试模型对新样本的判别能力，以模型测试集误差的结果作为模型泛化误差的近似。

对于需要解决的问题的样本数据，在建立模型的过程中，数据一般会被划分为以下几个部分。

- 训练集（Train Set）：用训练集对算法或模型进行训练。
- 验证集（Validation Set）：又称简单交叉验证集（Hold-out Cross Validation Set），利用验证集进行交叉验证，即评估几种算法或模型中哪一个最好，从而选择出最好的模型。
- 测试集（Test Set）：最后利用测试集对模型进行测试，获取模型运行的无偏估计（对学习方法进行评估）。

在小数据量的时代，如 100、1000、10000 的数据量，可以将数据集按照以下比例进行划分。

- 无验证集的情况：70% / 30%。
- 有验证集的情况：60% / 20% / 20%。

而在如今的大数据时代，对于一个问题，人们拥有的数据的规模可能是百万级别的，所以验证集和测试集所占的比例会趋向于变得更小。验证集的目的是验证多种算法哪种更加有效，所以验证集只要足够大，能够验证 2~10 种算法哪种更好即可，而不需要使用 20% 的数据作为验证集。如从百万级别的数据中抽取 10000 的数据作为验证集就可以了。

测试集的主要目的是评估模型的效果，如在单个分类器中，在百万级别的数据中选择其中 1000 条数据足以评估单个模型的效果。数据量较大的情况可以按照以下比例进行划分。

- 100 万数据量：98% / 1% / 1%。
- 超百万数据量：99.5% / 0.25% / 0.25%（或者 99.5% / 0.4% / 0.1%）。

接下来，使用程序进行数据集的划分。假设某一文件存放的数据如图 5-1 所示，表明了图片路径与类别。图片名称中包含了图片类别（1 与 0）。

```
D:\PythonFloder\ep_obj\keras-yolo3-master/VOCdevkit/VOC2007/JPEGImages/2001477799000665_000.jpg 1
D:\PythonFloder\ep_obj\keras-yolo3-master/VOCdevkit/VOC2007/JPEGImages/2001477799000666_000.jpg 1
D:\PythonFloder\ep_obj\keras-yolo3-master/VOCdevkit/VOC2007/JPEGImages/2001477799000667_000.jpg 0
D:\PythonFloder\ep_obj\keras-yolo3-master/VOCdevkit/VOC2007/JPEGImages/2001477799000668_000.jpg 1
D:\PythonFloder\ep_obj\keras-yolo3-master/VOCdevkit/VOC2007/JPEGImages/2001477799000669_012.jpg 0
D:\PythonFloder\ep_obj\keras-yolo3-master/VOCdevkit/VOC2007/JPEGImages/2001477799000670_000.jpg 1
D:\PythonFloder\ep_obj\keras-yolo3-master/VOCdevkit/VOC2007/JPEGImages/2001477799000671_000.jpg 0
D:\PythonFloder\ep_obj\keras-yolo3-master/VOCdevkit/VOC2007/JPEGImages/2001477799000672_000.jpg 1
D:\PythonFloder\ep_obj\keras-yolo3-master/VOCdevkit/VOC2007/JPEGImages/2001477799000681_008.jpg 1
D:\PythonFloder\ep_obj\keras-yolo3-master/VOCdevkit/VOC2007/JPEGImages/2001477799000682_000.jpg 1
```

图 5-1　数据展示

然后，以 8：2 的比例划分训练集以及测试集，这里只是提供了一种参考的写法，还可以通过修改 split 参数进行其他比例的划分，或者增加新的参数划分为训练集、测试集、验证集等。

使用 Python 对数据集进行划分，代码如下。

```python
import random
# 分为训练集与测试集
split=0.8
with open('train.txt') as f:
    txt_data = f.readlines()
# 随机打乱
random.shuffle(txt_data)
train_len = int(len(txt_data)*split)
# 划分数据集
train_txt = txt_data[:train_len]
test_txt = txt_data[train_len:]
```

```
print(train_txt)
print(test_txt)
```

5.2.2　数据增强

在训练的时候，经常会遇到数据不足的情况。例如，在一个任务中，数据集只包含几百张图片，而通过这几百张图片训练出来的模型很容易造成过拟合。这是因为在训练一个深度学习模型的时候，真正做的是调节某些超参数，这里的超参数指的是模型训练过程中，可以对模型进行调整的参数，以便输入的图片能够映射到输出（类别）。而在映射的过程中，神经网络模型会自动调节内部参数以最大程度拟合图片的实际结果。

然而神经网络内部的参数是巨大的，例如，简单的 LeNet-5 大概有 380 万个参数；ResNet-50 大概有 3800 万个参数；著名的卷积神经网络 VGG16 网络参数量大概有 1.38 亿个。大量的参数要求人们提供更多的数据以达到更好的预测结果。

所以，在训练的时候如何获取更多的数据就变成了一个急需解决的问题。但是也不需要着急地去寻找一些新奇的图片加入数据集中。因为神经网络在刚开始的时候是很"笨"的。例如，图 5-2 中的 3 只小狗在我们看来是同一只小狗，但是由于小狗的位置被平移了，神经网络认为这是不同的小狗。

图 5-2　被平移的小狗

从上面的描述中，可以很容易地联想到扩充数据最简单的方法，就是通过平移、旋转、镜像等多种方式，对已有的图片进行数据扩充，也就是本小节要说到的数据增强。

一个神经网络如果能够将一个放在不同地方、不同光线、不同背景中的物体识别成功，就称这个神经网络具有不变性。这种不变性具体来说就是对物体的位移、视角、光线、大小、角度、亮度等一种或多种变换的不变性。而为了完善这种不变性，数据中存在这种图片变换就显得尤为重要。

所以，数据增强并不只是在数据量少的情况下有用，在数据量较多的情况下也可以使模型得到更好的效果。

这里举个例子。假设有这样一个数据集，包含两种品牌的鼠标。很巧合的是，A 品牌的鼠标都是头部朝向右侧，如图 5-3（a）所示；B 品牌的鼠标都是头部朝向左侧，如图 5-3（b）所示。现在，将数据送入神经网络中，期望训练结束后获得很好的识别效果。

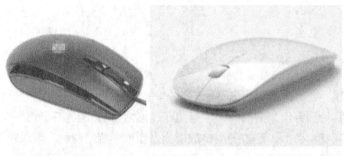

（a）A 品牌　　　　　　　　　　（b）B 品牌

图 5-3　两种不同品牌的鼠标

当训练结束后，输入图 5-4 中的预测图片，却发现神经网络认为它是一个 B 品牌的鼠标。这时候人们会很困惑，难道刚刚 98%的准确率是假的吗？

图 5-4　预测图片

那么，为什么会发生这种事情呢？一般来说，深度学习算法会去寻找能够区分两个类别的最明显的特征。在数据集里两个品牌的鼠标的头部朝向就是最明显的特征。

所以，应该怎么去避免类似的事情发生呢？这就需要减少数据集中不相关的特征。对于上述的鼠标分类数据集来说，一个简单的方案就是增加多种头部朝向的的图片。然后重新训练模型，这样会得到性能更好的模型。

接下来，演示如何在 Python 中实现数据增强。在这之前，需要保证 Python 环境中有 OpenCV、Pillow（PIL）、Matplotlib 这 3 个依赖库。

1. 图片翻转

使用 Python 实现图片翻转的代码如下。

```python
import cv2
path = r'cat.jpg'
img = cv2.imread(path)
# 水平翻转
img_hor = cv2.flip(img,1)
# 垂直翻转
img_ver = cv2.flip(img,0)
# 显示图片
cv2.imshow('img',img)
cv2.imshow('img_hor',img_hor)
cv2.imshow('img_ver',img_ver)
```

```
cv2.waitKey(0)
cv2.destroyWindow()
```

程序运行结果如图 5-5 所示，从左到右分别是原图、水平翻转、垂直翻转的结果。

图 5-5　图片翻转

2. 图片旋转

使用 Python 实现图片旋转的代码如下。

```
import cv2

# 图片旋转
def rotation(img,angle):
    h,w=img.shape[:2]
    # 得到中心点
    center=(w//2,h//2)
    # 获得围绕中心点旋转某个角度的矩阵
    M=cv2.getRotationMatrix2D(center,angle,1.0)
    # 旋转图片
    rotated = cv2.warpAffine(img,M,(w,h))
    return rotated

path = r'D:\GPU_SY\Opencv\opencv_image\cat.jpg'
img = cv2.imread(path)

# 显示图片
cv2.imshow('img',img)
cv2.imshow('rotation_90_img',rotation_90_img)
cv2.imshow('rotation_45_img',rotation_45_img)
cv2.waitKey(0)
cv2.destroyWindow()
```

程序运行结果如图 5-6 所示，从左到右分别是原图、旋转 90°、旋转 45° 的结果，还可以通过改变传入的 angle 值得到更多的旋转角度。

图 5-6　图片旋转

3. 等比缩放

在一般的神经网络模型中，都会对输入的图片尺寸进行预设，如 ImageNet 的 224×224、YOLOv3 的 416×416 等。由于自然界中的图片并不都是这种比例的，因此需要对图片进行缩放。但是简单地使用 Image.resize 方法并不能满足图片缩放的要求，因为它会破坏图片原本的比例，导致得到一些不相关的特征。这时候就需要进行等比缩放。

等比缩放的思路非常简单，无非就是使长边缩放到目标尺寸，而短边使用和长边一致的缩放比例，并且使用某一颜色填充短边的空余部分。

使用 Python 实现等比缩放的代码如下。

```python
from PIL import Image
import numpy as np

def letterbox_image(image, size):
    # 获得图片宽、高
    iw, ih = image.size
    # 获得要缩放的图片尺寸
    w, h = size
    # 得到小的边长的比值
    scale = min(w/iw, h/ih)
    # 得到新的边长
    nw = int(iw*scale)
    nh = int(ih*scale)
    # 缩放图片
    image = image.resize((nw,nh), Image.BICUBIC)
    # 新建一张"画布"，以 RGB 颜色(128,128,128)填充
    new_image = Image.new('RGB', size, (128,128,128))
    # 将缩放后的图片放到"画布"中，并居中
    new_image.paste(image, ((w-nw)//2, (h-nh)//2))
    return np.array(new_image)


path = r'D:\GPU_SY\Opencv\opencv_image\cat.jpg'
img = cv2.imread(path)

let_img = letterbox_image(Image.fromarray(img),(224,224))
resize_img = cv2.resize(img,(224,224))

# 显示图片
cv2.imshow('img',img)
cv2.imshow('resize_img',resize_img)
cv2.imshow('let_img',let_img)
cv2.waitKey(0)
cv2.destroyWindow()
```

程序运行结果如图 5-7 所示，从左到右分别是原图、普通缩放、等比缩放。可以很明显地看出，使用普通缩放会导致图片中的物体发生形变，导致失真，而使用等比缩放并没有这个问题。

图 5-7　图片等比缩放

4．位移

位移只涉及沿 x 轴或 y 轴方向（或两者）移动图片。一般来说，对于背景复杂的图片，位移并不好做，不过好在可以使用等比缩放将图片背景单一化。这时候只要移动图片在"画布"上的位置就可以了。这种增强方法非常有用，因为大多数对象几乎可以位于图片中的任何位置，这迫使卷积神经网络看到所有角落。

在 Python 中可以引入随机数，并且通过这个随机数将使用了等比缩放的图片放置到"画布"的随机位置上，形成位移。

使用 Python 实现图片位移的代码如下。

```python
def rand(a=0, b=1):
    return np.random.rand()*(b-a) + a

def letterbox_image(image, size):
    # 获得图片宽、高
    iw, ih = image.size
    # 获得要缩放的图片尺寸
    w, h = size
    # 得到小的边长的比值
    scale = min(w / iw, h / ih)
    # 将比值进行随机缩小
    scale =scale*rand(.25, 1)
    nw = int(iw * scale)
    nh = int(ih * scale)

    image = image.resize((nw, nh), Image.BICUBIC)

    # 将图片放到"画布"的随机位置上
    dx = int(rand(0, w - nw))
    dy = int(rand(0, h - nh))
    new_image = Image.new('RGB', (w, h), (128, 128, 128))
    new_image.paste(image, (dx, dy))
    return np.array(new_image)
```

程序运行结果如图 5-8 所示，从左到右都是使用引入的随机值进行等比缩放，并且放置在"画布"的随机位置上生成的图片。

图5-8 图片位移

5. 颜色增强

前文所讲到的几何变换操作实际上并没有改变图片本身的内容,它可能是旋转了图片的一部分,或者对像素进行了重分布。如果要改变图片本身的内容,就属于颜色变换类的数据增强了。

颜色变换类的数据增强有很多种,如噪声、模糊、颜色扰动、填充、擦除等,这里主要解释颜色扰动的实现。所谓颜色扰动,就是在某一颜色空间内通过增加或减少某些颜色分量来进行数据增强。

使用 Python 实现颜色增强的代码如下。

```python
def hsv_(image,hue=.1, sat=1.5, val=1.5):
    hue = rand(-hue, hue)
    sat = rand(1, sat) if rand() < .5 else 1 / rand(1, sat)
    val = rand(1, val) if rand() < .5 else 1 / rand(1, val)
    # 将颜色空间转换到 HSV
    x = cv2.cvtColor(image,cv2.COLOR_BGR2HSV) / 255.
    # 使用 HSV 颜色空间进行颜色增强
    x[..., 0] += hue
    x[..., 0][x[..., 0] > 1] -= 1
    x[..., 0][x[..., 0] < 0] += 1
    x[..., 1] *= sat
    x[..., 2] *= val
    x[x > 1] = 1
    x[x < 0] = 0
    # 转换成原本的颜色空间
    image_data = np.array(x*255.,dtype='uint8')
    image_data = cv2.cvtColor(image_data,cv2.COLOR_HSV2BGR)

    return  image_data


path = r'D:\GPU_SY\Opencv\opencv_image\cat.jpg'
img = cv2.imread(path)

hsv_img = hsv_(img)
# 显示图片
cv2.imshow('img',img)
cv2.imshow('hsv_img',hsv_img)
cv2.waitKey(0)
```

```
cv2.destroyWindow()
```

程序运行结果如图 5-9 所示，从左到右分别是原图以及分别进行随机 HSV 颜色增强的两张图。

图 5-9　图片颜色增强

其实颜色空间有很多种，为什么本书会使用 HSV 颜色空间来进行数据增强呢？最主要的原因是 HSV 颜色空间更加符合人眼的工作原理。HSV 颜色空间表达彩色图像的方式由 3 个部分组成：Hue（色调）、Saturation（饱和度）与 Value（明暗度）。

一般来说，人眼最多能区分 128 种不同的色调（H）、130 种饱和度（S）、23 种明暗度（V）。如果用 16 位表示 HSV 颜色空间的话，可以用 7 位存放 H，4 位存放 S，5 位存放 V，即 745 或者 655 就可以满足人们的需要了。

6. 使用多种组合进行图片数据增强

前文介绍了多种图片数据增强的方式，不过那都是单一的数据增强方式。接下来将实现将多种方式组合起来的图片数据增强。

使用 Python 实现多种组合数据增强的代码如下。

```python
from matplotlib.colors import rgb_to_hsv

def get_random_data(image,input_shape, hue=.1, sat=1.5, val=1.5):
    # 获得图片宽、高
    ih, iw = image.shape[:2]
    # 获得要缩放的图片尺寸
    w, h = input_shape
    # 得到小的边长的比值
    scale = min(w / iw, h / ih)
    # 将比值进行随机缩小
    scale = scale * rand(.25, 1)
    nw = int(iw * scale)
    nh = int(ih * scale)
    image = Image.fromarray(image)
    image = image.resize((nw, nh), Image.BICUBIC)


    # 随机位移
    dx = int(rand(0, w-nw))
    dy = int(rand(0, h-nh))
    new_image = Image.new('RGB', (w,h), (128,128,128))
    new_image.paste(image, (dx, dy))
    image = new_image


    # 随机翻转
```

```
flip = rand()<.5
if flip: image = image.transpose(Image.FLIP_LEFT_RIGHT)


# 随机 HSV 增强
hue = rand(-hue, hue)
sat = rand(1, sat) if rand()<.5 else 1/rand(1, sat)
val = rand(1, val) if rand()<.5 else 1/rand(1, val)
x = rgb_to_hsv(np.array(image)/255.)
x[..., 0] += hue
x[..., 0][x[..., 0]>1] -= 1
x[..., 0][x[..., 0]<0] += 1
x[..., 1] *= sat
x[..., 2] *= val
x[x>1] = 1
x[x<0] = 0
# 转换成原本的颜色空间
image_data = np.array(x * 255., dtype='uint8')
image_data = cv2.cvtColor(image_data, cv2.COLOR_HSV2BGR)


return image_data



path = r'D:\GPU_SY\Opencv\opencv_image\cat.jpg'
img = cv2.imread(path)
random_img = get_random_data(img,(224,224))



# 显示图片
cv2.imshow('img',img)
cv2.imshow('rotation_45_img',random_img)
cv2.waitKey(0)
cv2.destroyWindow()
```

程序运行结果如图 5-10 所示。通过引入的多个随机数，可以使图片完成平移、色彩变换、缩放等操作，并且这些操作都是随机的，大大增加了可用的数据量。

图 5-10　使用多种组合进行图片数据增强

数据增强在很大程度上解决了数据不足的问题，但是在实施数据增强之前，还有一个问题需要解决——在深度学习模型中何时进行数据增强？

答案很简单，就是在把数据送入模型训练之前进行增强。但是这里有两种做法：一种做法是事先执行所有的转换，这实质上会增加数据集的大小；另一种做法是在把数据送入模型之前，小批量地执行这些转换。

第一种做法叫作线下增强，这种做法适用于较小的数据集。线下增强后会增加一定倍数的数据，这个倍数取决于转换的倍数。

第二种做法叫作线上增强，这种做法适用于较大的数据集。因为计算机可能无法承受爆炸性增加的数据，所以在训练的同时使用 CPU 加载数据并进行数据增强是一种较好的做法。

5.3 模型调优

模型调优归根结底还是解决欠拟合（Underfitting）和过拟合（Overfitting）的问题。当涉及机器学习算法时，往往会面临过拟合和欠拟合的问题。欠拟合意味着对算法简化过多，以至于很难映射到数据上；过拟合则意味着算法过于复杂，它完美地适应了训练数据，但是很难普及。

事实上，拟合、欠拟合、过拟合并不是一个评估标准，而是模型在不同的数据上预测结果的综合表现。举个例子：现在训练好了一个天鹅和鸭子的分类模型，在训练前划分的测试集上预测，得到了 99% 的准确率，但是将直观模型使用到实际场景中却发现准确率只有 70%，这就是典型的过拟合。如果在测试集上进行预测仅得到 70% 的准确率，就说明存在欠拟合。而拟合就是不管是在测试集上还是在实际情况下预测都可以得到较好的结果。欠拟合、拟合、过拟合的效果如图 5-11 所示。

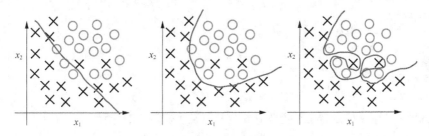

图 5-11　欠拟合、拟合、过拟合的效果

从上述例子中可以发现，拟合是人们想要的。而什么因素会导致过拟合和欠拟合的情况发生？首先是数据的分布是否足够均匀。例如，在训练天鹅和鸭子的分类模型中，样本中天鹅的图片都是白色的，但是现实中不仅有白天鹅也有黑天鹅。由于模型只学习到了白天鹅的特征，因此其并不会正确地将黑天鹅预测为天鹅。还有一个因素是模型是否复杂度过高，把学习进行地太过彻底，将样本数据的所有特征几乎都学习进去了。这时模型学到了数据中过多的局部特征，噪声带来的过多的假特征造成模型的"泛化性"和识别准确率几乎达到最低点，于是用训练好的模型预测新的样本的时候会发现模型效果很差。

解决过拟合要从以下两个方面入手。首先是限制模型的学习，使模型在学习特征时忽略部分特征，这样就可以降低模型学到局部特征和错误特征的概率，使得识别准确率得到优化；其次是在选择数据的时候要尽可能全面，并且符合实际情况。

通常根据不同的训练阶段，可分为 3 种调优方法。

- 开始训练前：可以预先分析数据集的特征，选择合适的函数以及优化器，适当地进行数据增强等。
- 开始训练：在这个阶段，也有很多调优方法。例如，动态调整学习率、自动保存最优模型以及提前停止训练等。
- 训练结束后：通过对模型的评估，了解此时模型处于什么状态，可以调整模型结构或者调整训练参数等。

训练前的准备工作在 5.2 节中已经介绍过，后续会演示在训练过程中的模型调优、训练结束后的模型结构以及参数调整。

5.3.1 回调函数

由于在训练的过程中，无法对一些参数进行修改，因此一些深度学习框架往往会留出一些回调函数来对训练过程中的参数进行调整。下面将使用 tf.keras 中的回调函数解决训练过程中的模型保存、学习率调整和终止训练的问题。

1. 自动保存模型

使用 Python 实现自动保存模型的代码如下。

```
import tensorflow
filepath='model.h5'

tensorflow.keras.callbacks.ModelCheckpoint(
    filepath,
    monitor='val_loss',
    verbose=0,
    save_best_only=False,
    save_weights_only=False,
    mode='auto',
    period=1
)
```

上述代码中，ModelCheckpoint 函数的参数及其说明如表 5-2 所示。

表 5-2　ModelCheckpoint 函数的参数及其说明

参数	说明
filepath	模型保存的路径
monitor	需要监视的值
verbose	是否显示信息
save_best_only	只保存监视值最好的模型，默认为 False
save_weights_only	是否只保存权重（不保存结构）
mode	评判最佳模型的标准，如 min、max
period	每几个周期保存一次，如果设置保存最优模型则该参数不起作用，因为每个周期结束都会保存

2. 学习率动态调整

使用 Python 实现学习率动态调整的代码如下。

```
tensorflow.keras.callbacks.ReduceLROnPlateau(
    monitor='val_loss',
    factor=0.1,
    patience=10,
    verbose=0,
    mode='auto',
    epsilon=0.0001,
    cooldown=0,
    min_lr=0
)
```

上述代码中，ReduceLROnPlateau 函数的参数及其说明如表 5-3 所示。

表 5-3　ReduceLROnPlateau 函数的参数及其说明

参数	说明
monitor	需要监视的值
factor	学习率（1r）衰减因子，新学习率 newlr=lr*factor
patience	当过去 patience 个周期，被监视的值还没往更好的方向走时（一般来说是变小），则触发学习率衰减
verbose	是否显示信息
mode	评判最佳模型的标准，如 min、max
epsilon	阈值，用来确定是否进入检测值的"平原区"
cooldown	学习率下降后，会经过 cooldown 个训练轮数才重新进行正常操作
min_lr	学习率的下限

3. 自动终止训练

使用 Python 实现自动终止训练的代码如下。

```
tensorflow.keras.callbacks.EarlyStopping(
    monitor='val_loss',
    patience=0,
    verbose=0,
    mode='auto'
)
```

上述代码中，EarlyStopping 函数的参数及其说明如表 5-4 所示。

表 5-4　EarlyStopping 函数的参数及其说明

参数	说明
monitor	需要监视的值
patience	当发现监视值相比上一个训练轮数没有下降时，经过 patience 个训练轮数后停止训练
verbose	是否显示信息
mode	评判标准，如 min、max

上述回调函数可以在模型中以以下方式使用。但是需要注意的是，并不是这样就能够使模型性能更好。这些回调函数只是把当前训练得最好的模型保存下来，模型是否已经取得最好的性能还需要通过测试来判断。

使用 Python 组合回调函数并进行训练的代码如下。

```python
from tensorflow.keras import callbacks
save=callbacks.ModelCheckpoint('logs/epoch{epoch:03d}-val_loss{val_loss:.3f}.h5',
                               monitor='val_loss',save_best_only=True,period=1)

low_lr=callbacks.ReduceLROnPlateau(monitor='val_loss',
                                   factor=0.2,patience=5,
                                   min_lr=1e-6,verbose=1)

eary_stop=callbacks.EarlyStopping(monitor='val_loss',
                                  patience=15,verbose=1,
                                  mode='auto')
model.fit(x,y,batch_size=64,
    epochs=500,
    callbacks=[save,low_lr,eary_stop]
)
```

5.3.2 超参数调整

人工智能和机器学习领域的知名学者吴恩达很形象地使用动物和食物来命名训练一个模型的两种方法：熊猫法与鱼子酱法。

1. 熊猫法

当需要训练一个很大的模型，但是计算资源又没有那么多的时候，人们会很珍惜训练机会。这类似于产仔量较少的熊猫，需要花费很多精力抚养熊猫宝宝以确保其能成活。同样，人们需要花费大量精力来训练模型。

具体来说，先初始化一组超参数，然后每训练一段时间（如一天，表示为 D1）就需要查看进展，观察其是否按照预想的方向发展，再进行一定的微调，接着继续训练，持续观察。如果发现偏离了方向，就需要立即对超参数进行调整。就这样，持续定期观察并进行调整，直到最后达到训练目标。该方法可以使用图 5-12 来表示。

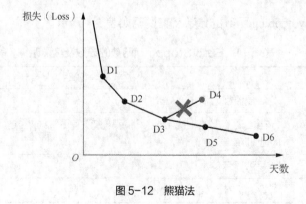

图 5-12　熊猫法

2. 鱼子酱法

如果计算资源足够丰富，可以同时训练多个模型，就可以用鱼子酱法——使用多种超参数组合的模型进行训练，在训练结束后通过评估指标判断哪种模型效果最好。鱼子酱法可以使用图 5-13 表示。

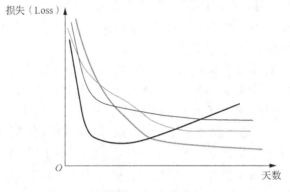

图 5-13　鱼子酱法

上面的两种方法都提到了"超参数"，它和"参数"有什么不同呢？其实参数是神经网络最终学习的重要目标，可以理解为最基本的神经网络的权重 W 和 b，而训练的目的就是找到一套好的模型参数，用来预测未知的结果。这些参数是不需要调整的，是模型训练过程中自动更新生成的。

而超参数是控制模型结构、功能、效率等的"调节旋钮"。通过"调节旋钮"，可以控制神经网络模型训练的基本方向。一般而言，常用的超参数有以下几种。

（1）学习率

学习率是最影响性能的超参数之一，如果只能调整一个超参数，那么最好的选择就是它。相对于其他超参数，学习率以一种更加复杂的方式控制着模型的有效容量。模型的有效容量是指模型拟合各种函数的能力。当学习率最优时，模型的有效容量最大。

学习率是指导人们该如何通过损失函数的梯度调整网络权重的超参数。学习率越低，损失函数的变化速度就越慢。虽然使用低学习率可以确保人们不会错过任何局部极小值，但也意味着人们将花费更长的时间来进行收敛，特别是在被困在"高原区域"的情况下。

如果把模型训练比作下山的过程，学习率就是下山步伐的大小。小的步伐可以到达山的最低点，但是需要更多的时间；步伐太大会导致错过最低点，如图 5-14 所示。

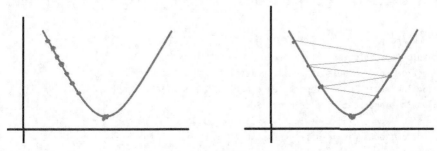

图 5-14　不同学习率的对比

由图 5-14 可以看出，当学习率设置得过小时，收敛过程将变得十分缓慢。而当学习率设置得过大时，梯度可能会在最小值附近来回振荡，甚至可能无法收敛。

学习率的调整方法如下。

- 从经验来看，学习率可以设置为 0.1、0.05、0.01、0.005、0.0001、0.00001。具体需结合实际情况对比判断，小的学习率收敛慢，但能将损失值降到更低。

- 根据数据集的大小来选择合适的学习率。当使用平方和误差作为成本函数时，随着数据量的增多，学习率应该被设置为相对更小的值。

- 训练过程中并不是一直使用某个固定的学习率，而是随着时间的推移让学习率动态变化。例如，刚开始训练时，距离山的最低点还很远，那么可以使用较大的学习率提高下山速度；当快接近最低点时为避免跨过最低点，下山速度要放缓，即应使用较小的学习率训练。具体情况下，因为不知道训练时的最优值，所以解决办法是：在每次迭代后，使用估计的模型参数来查看误差函数的值，如果相对于上一次迭代，错误率降低了，就可以增大学习率；如果相对于上一次迭代，错误率提高了，那么应该重新设置上一轮迭代的值，并且将学习率减小为之前的 50%。因此，这是一种学习率自适应调节的方法。在 Caffe、TensorFlow 等深度学习框架中，都有很简单、直接的学习率动态变化设置方法。

（2）迭代次数

迭代次数也叫训练轮数，模型收敛即可停止迭代。一般可采用验证集作为停止迭代的条件。如果连续几轮模型损失都没有相应减少，则停止迭代。

（3）批大小

批大小也叫 batch_size，对于小数据量的模型，可以进行全量训练，这样能更准确地朝着极值所在的方向更新。但是对于大数据量模型，进行全量训练将导致内存溢出，因此需要选择一个较小的批大小。

如果选择批大小为 1，则此时为在线学习，每次修正方向为各自样本的梯度方向，难以达到收敛。若批大小增大，则处理相同数据量的时间减少，但是达到相同精度的训练轮数增多。在实际中可以逐步增大批大小，随着批大小增大，模型达到收敛，并且训练时间最为合适。

5.3.3　模型结构调整

如果数据增强、参数调节等工作完成之后，模型还是无法达到预想中的效果，就要考虑微调模型结构了。

为了演示微调模型结构，本小节重新搭建了一个简单的 MNIST 数据集分类的模型，具体代码如下所示。

```
import numpy as np
import matplotlib.pyplot as plt
from tensorflow.keras.models import Sequential
from tensorflow.keras.layers import Dense,Activation
from tensorflow.keras.optimizers import SGD
from tensorflow.keras import utils
from tensorflow.keras.datasets import mnist
import matplotlib.pyplot as plt
# 加载数据集，并划分为训练集和测试集两个部分
```

```
(x_train,y_train),(x_test,y_test)=mnist.load_data()
plt.imshow(x_train[0])
print(x_train[0])
# 归一化
y_train=utils.to_categorical(y_train)
y_test=utils.to_categorical(y_test)

x_train=x_train.reshape(-1,784)/255.
x_test=x_test.reshape(-1,784)/255.
# 模型结构
model=Sequential([
    Dense(units=256,input_dim=784,activation='relu'),
    Dense(units=128,activation='relu'),
    Dense(units=10,activation='softmax')
])

sgd=SGD(lr=0.2)
model.compile(optimizer=sgd,loss='mse',metrics=['acc'])
model.fit(x_train,y_train,batch_size=32,epochs=10)
# 测试
loss,acc=model.evaluate(x_test,y_test)
print(loss,acc)
```

程序运行结果如图 5-15 所示，这时候的训练准确率是 97.04%，测试准确率是 96.55%。

```
58656/60000 [===========================>.] - ETA: 0s - loss: 0.0050 - acc: 0.9704
60000/60000 [============================] - 2s 29us/sample - loss: 0.0050 - acc: 0.9704

   32/10000 [..............................] - ETA: 3s - loss: 0.0064 - acc: 0.9688
 3072/10000 [========>.....................] - ETA: 0s - loss: 0.0073 - acc: 0.9551
 6080/10000 [=================>............] - ETA: 0s - loss: 0.0067 - acc: 0.9576
 8896/10000 [==========================>...] - ETA: 0s - loss: 0.0055 - acc: 0.9650
10000/10000 [============================] - 0s 18us/sample - loss: 0.0055 - acc: 0.9655
0.005460358247228214 0.9655
```

图 5-15　3 层全连接层运行结果

由于模型结构比较简单，因此想要提升准确率，直接的办法是提升模型的复杂度。接下来修改模型结构，新增几层全连接层，代码如下。

```
model=Sequential([
    Dense(units=256, input_dim=784, activation='relu'),
    Dense(units=192, activation='relu'),
    Dense(units=128, activation='relu'),
    Dense(units=32, activation='relu'),
    Dense(units=10, activation='softmax')
])
```

程序运行结果如图 5-16 所示，此时训练准确率是 98.03%，测试准确率是 97.05%。虽然准确率确实提升了，不过测试准确率与训练准确率的差值被拉大了。

1. 随机失活

随机失活（Dropout）是对具有深度结构的人工神经网络进行优化的方法，在学习过程中通过将隐藏层的部分权重或输出随机归 0，降低节点间的相互依赖性，从而实现神经网络的正则化，降低其结构风险。

```
59840/60000 [============================>.] - ETA: 0s - loss: 0.0033 - acc: 0.9804
60000/60000 [=============================] - 2s 36us/sample - loss: 0.0033 - acc: 0.9803

   32/10000 [.............................] - ETA: 4s - loss: 0.0017 - acc: 1.0000
 3072/10000 [=======>.....................] - ETA: 0s - loss: 0.0058 - acc: 0.9603
 6560/10000 [===================>..........] - ETA: 0s - loss: 0.0052 - acc: 0.9651
 9856/10000 [============================>.] - ETA: 0s - loss: 0.0044 - acc: 0.9708
10000/10000 [=============================] - 0s 17us/sample - loss: 0.0044 - acc: 0.9705
```

图 5-16　5 层全连接层运行结果

　　一般来说，神经元分为多个层次，通常会有一个输入层、一个输出层，隐藏层可以有非常多个。而在 tf.keras 中，随机失活的作用就是让一定百分比的神经元不工作，以防止过拟合，如图 5-17 所示。

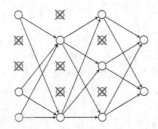

图 5-17　随机失活

　　接着，修改上面模型结构的代码为如下代码，添加 Dropout。

```
model=Sequential([
    Dense(units=256, input_dim=784, activation='relu'),
    Dense(units=192, activation='relu'),
    Dense(units=128, activation='relu'),
    Dense(units=32, activation='relu'),
    Dropout(0.3),
    Dense(units=10, activation='softmax')
])
```

　　程序运行结果如图 5-18 所示，此时训练准确率为 96.73%，而测试准确率是 96.93%。虽然训练准确率减低了，但是测试准确率超过了训练准确率。

```
59744/60000 [============================>.] - ETA: 0s - loss: 0.0054 - acc: 0.9673
60000/60000 [=============================] - 2s 37us/sample - loss: 0.0054 - acc: 0.9673

   32/10000 [.............................] - ETA: 5s - loss: 0.0020 - acc: 0.9688
 2976/10000 [=======>.....................] - ETA: 0s - loss: 0.0063 - acc: 0.9593
 6272/10000 [==================>...........] - ETA: 0s - loss: 0.0057 - acc: 0.9629
 9408/10000 [==========================>..] - ETA: 0s - loss: 0.0046 - acc: 0.9698
10000/10000 [=============================] - 0s 18us/sample - loss: 0.0047 - acc: 0.9693
```

图 5-18　添加了 Dropout 的运行结果

2. 批量标准化

　　传统的深度神经网络在训练时，随着参数的不断更新，中间每一层输入的数据分布往往会和参数更新之前有较大的差异，导致网络需要不断地适应新的数据分布，进而使得训练变得异常困难，只能使用很小的学习率和精调的初始化参数来解决这个问题。而且中间层的深度越大，这种现象就越明显。由于是对层间数据进行分析，即内部分析，因此这种现象叫作内部协变量偏移。

为了解决这个问题，谢尔盖·艾菲（Sergey Ioffe）和克里斯汀·塞格迪（Christian Szegedy）在2015 年首次提出了批量标准化（Batch Normalization，BN）。其含义是：不仅对输入层做标准化处理，还要对神经网络每一中间层的输入（激活函数前）做标准化处理，使得输出服从均值为 0、方差为 1 的正态分布，从而避免内部协变量偏移的问题出现。之所以称其为批量标准化，是因为在训练期间，仅通过计算当前层一小批数据的均值和方差来标准化每一层的输入。

批量标准化的具体流程如图 5-19 所示。首先，输入标准化处理后的 x（N 幅图像，图像高度 H，图像宽度 W，图像通道 C），假如在第一层后加入批量标准化层，那么 h_1 的计算就被替换成下图中虚线框中的内容。具体计算流程如下：

（1）矩阵先经过 W_{h1} 的线性变换后得到 S_1；

（2）将 S_1 再减去批数据(batch)的平均值 μ_B，并除以 batch 的标准差得到 S_2；

（3）将 S_2 乘以 γ 调整数值大小，再加上 β 增加偏移后得到 S_3；

（4）加入非线性激活函数 ReLU，得到最终结果 h_1。

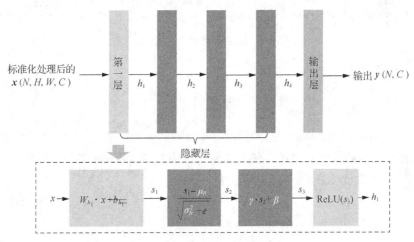

图 5-19　批量标准化的具体流程

现在几乎所有的卷积神经网络都会使用批量标准化操作，它可以为网络训练带来一系列的好处。具体如下。

首先，通过对输入和中间网络层的输出进行标准化处理，减少了内部神经元分布的改变，保证了不同样本在神经网络中处于同一分布，并使得大部分数据在经过激活函数之后都处在梯度较大的区域，从而让梯度能够很好地回传，避免出现梯度消失和梯度爆炸的情况。

其次，通过降低梯度对参数或其初始值尺度的依赖性，使得可以使用较大的学习率对网络进行训练，从而加速网络的收敛。

最后，由于在训练的过程中批量标准化所用到的均值和方差是在一小批样本（Mini-batch）上计算的，而不是在整个数据集上计算的，因此均值和方差会有一些小噪声产生。同时由于缩放过程用到了含噪声的标准化后的值，因此也会有一点噪声产生。这迫使后面的神经元单元不过分依赖前面的神经元单元。所以，批量标准化也可以看作一种正则化手段，提高了网络的泛化能力，使得可以减少或者取消随机失活，优化网络结构。

接着，修改模型结构，添加批量标准化层，具体代码如下。

```
model=Sequential([
    Dense(units=256, input_dim=784, activation='relu'),
    Dense(units=192, activation='relu'),
    Dense(units=128, activation='relu'),
    Dense(units=32, activation='relu'),
    BatchNormalization(),
    Dense(units=10, activation='softmax')
])
```

程序运行结果如图 5-20 所示，训练准确率提升到了 99.19%，而测试准确率达到了 97.71%。

```
59296/60000 [============================>.] - ETA: 0s - loss: 0.0015 - acc: 0.9919
60000/60000 [=============================] - 2s 40us/sample - loss: 0.0015 - acc: 0.9919

   32/10000 [.............................] - ETA: 7s - loss: 6.2588e-05 - acc: 1.0000
 3104/10000 [========>....................] - ETA: 0s - loss: 0.0051 - acc: 0.9665
 6368/10000 [==================>..........] - ETA: 0s - loss: 0.0043 - acc: 0.9716
 9632/10000 [===========================>..] - ETA: 0s - loss: 0.0035 - acc: 0.9776
10000/10000 [=============================] - 0s 18us/sample - loss: 0.0035 - acc: 0.9771
```

图 5-20　添加批量标准化层的运行结果

本章小结

本章介绍了几种评估指标，包括准确率、查准率、召回率等，以及如何使用这些评估指标对训练好的神经网络模型进行性能评估。接着，还介绍了如何使用数据集处理、超参数调整、模型结构调整等模型优化方法进行模型的调优。

第6章
VGG 网络实现猫狗识别

在本章中，我们将学习如何使用卷积神经网络识别猫狗。猫狗识别其实是 Kaggle 平台上的一个竞赛。参加竞赛的选手将编写一个算法来分类图像包含狗还是猫。对人类来说，分辨狗和猫很容易，但对于计算机来说却有些困难。图 6-1 所示为 2014 年 Kaggle 的猫狗识别竞赛的前 10 名。如今，猫狗识别已经很容易能够得到 99% 以上的准确率了。

1	—	Pierre Sermanet		0.98914	5	7y
2	▲ 4	orchid		0.98308	17	7y
3	—	Owen		0.98171	15	7y
4	—	Paul Covington		0.98171	3	7y
5	▼ 3	Maxim Milakov		0.98137	24	7y
6	▼ 1	we've been in KAIST		0.98102	8	7y
7	▲ 1	Doug Koch		0.98057	6	7y
8	▲ 2	fastml.com/cats-and-dogs		0.98000	6	7y
9	▲ 3	Luca Massaron		0.97965	23	7y
10	▼ 1	Daniel Nouri		0.97851	13	7y

图 6-1　2014 年 Kaggle 猫狗识别竞赛的前 10 名

6.1　VGG 网络简介

VGG 网络是英国牛津大学的视觉几何组（Visual Geometry Group）提出的，该网络主要证明了增加网络的深度能够在一定程度上影响网络的最终性能。VGG 网络主要有 2 种结构，分别为 VGG16 和 VGG19，两者并无本质上的区别，只是网络的深度有所改变。VGG16 网络结构如图 6-2 所示。

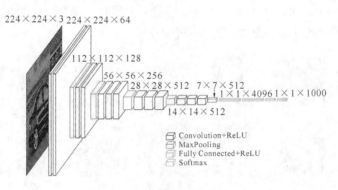

图 6-2　VGG16 网络结构

在图 6-2 中，Convolution 表示卷积操作，MaxPooling 表示最大池化操作，Fully Connected 表示全连接操作。要根据这张图片来搭建网络结构，需要先分析一下这张图片，如下。

- 输入：一张维度为(224,224,3)的原始图片。
- 第 1、2 次卷积：大小不变，生成(244,224,64)的特征图。
- 第 1 次池化：大小减半，生成(112,112,64)的特征图。
- 第 3、4 次卷积：大小不变，生成(112,112,128)的特征图。
- 第 2 次池化：大小减半，生成(56,56,128)的特征图。
- 第 5、6、7 次卷积：大小不变，生成(56,56,256)的特征图。
- 第 3 次池化：大小减半，生成(28,28,256)的特征图。
- 第 8、9、10 次卷积：大小不变，生成(28,28,512)的特征图。
- 第 4 次池化：大小减半，生成(14,14,512)的特征图。
- 第 11、12、13 次卷积：大小不变，生成(14,14,512)的特征图。
- 第 5 次池化：大小减半，生成(7,7,512)的特征图。
- 拉平成向量。
- 经过三层全连接层后，ReLU 激活。
- 最后 Softmax 输出 1000 个预测结果。

VGG16 的网络结构大体就是这样，可以发现共有 13 次卷积操作，即有 13 个卷积层，再加上 3 个全连接层，共 16 层，这也就是 VGG16 名称的由来。

6.2 数据集介绍及处理

猫狗识别是 Kaggle 在 2014 年创建的一个竞赛，猫狗识别数据集（Cats and Dogs Dataset）解压后可以得到图 6-3 中的文件。其中 test1 文件夹是验证集，train 文件夹是训练集。

图 6-3 猫狗识别数据集

打开 train 文件夹，可以看到图 6-4 所示的图片。图片中猫被命名为 cat.x.jpg，狗被命名为 dog.x.jpg。接下来会利用此命名规律来区分不同的标签。

图 6-4 train 文件夹中的图片

图 6-4　train 文件夹中的图片（续）

接下来编写代码，读取这些图片进行数据处理，得到可供训练的图片。可以参照 MNIST 数据集的处理方式，不同的是 MNIST 数据集中是单通道的 28×28 的图片，而现在是大小不一的 3 通道图片。所以还需要多执行一个步骤——把图片缩放为同一大小。代码中还实现了一个生成器函数，可以一边训练一边加载图片，避免同时加载大量的图片，造成内存溢出。

Python 实现数据处理的代码如下。

```python
import os
import numpy as np
import random
import cv2


def join_path(path,split_=0.9):
    # 获得路径列表
    image_paths=[os.path.join(path,p) for p in os.listdir(path)]
    random.shuffle(image_paths) # 打乱数据
    print(image_paths)
    label=[] # 获得标签数组
    for image_path in image_paths:
        # 根据命名切割字符
        name=image_path.split('\\')[-1].split('.')[0]
        # print(label)
        if name=='cat':
            label.append(0)
        if name=='dog':
            label.append(1)
    # 切分训练集和测试集
    num_len=int(len(image_paths)*split_)
    x_train=image_paths[:num_len]
    y_train=label[:num_len]
    x_test=image_paths[num_len:]
    y_test=label[num_len:]
    return  x_train,y_train,x_test,y_test


# 定义一个生成器函数
def gen_data(x_data,y_data,batch_size):
    while True:
        data=[]
```

```
            label=[]
            for index ,value in enumerate(x_data):
                # 数据处理
                image=cv2.imread(value)
                image=cv2.resize(image,(224,224))
                data.append(image)
                label.append(y_data[index])
                # 每次生成一个 batch_size 的数据
                if len(data) == batch_size:
                    data=np.array(data).reshape(-1,224,224,3)/255.
                    label=np.array(label)
                    yield data,label
                    data=[]
                    label=[]
```

6.3 主干网络搭建与训练

根据前面的思路，可以开始搭建 VGG16 网络。

使用 Python 搭建 VGG16 网络的代码如下。

```
def VGG16_(inpt):
    # 224×224×3
    x=Conv2D(64,kernel_size=3,activation='relu',padding='same')(inpt)
    x=Conv2D(64,kernel_size=3,activation='relu',padding='same')(x)
    x=MaxPool2D()(x)
    # 112×112×64

    x=Conv2D(128,kernel_size=3,padding='same',activation='relu')(x)
    x=Conv2D(128,kernel_size=3,padding='same', activation='relu')(x)
    x=MaxPool2D()(x)
    # 56×56×128

    x=Conv2D(256,kernel_size=3,activation='relu',padding='same')(x)
    x=Conv2D(256,kernel_size=3,activation='relu',padding='same')(x)
    x=Conv2D(256,kernel_size=3,activation='relu',padding='same')(x)
    x=MaxPool2D()(x)
    # 28×28×256

    x=Conv2D(512,kernel_size=3,activation='relu',padding='same')(x)
    x=Conv2D(512,kernel_size=3,activation='relu',padding='same')(x)
    x=Conv2D(512,kernel_size=3,activation='relu',padding='same')(x)
    x=MaxPool2D()(x)
    #14×14×512

    x=Conv2D(512,kernel_size=3,activation='relu',padding='same')(x)
    x=Conv2D(512,kernel_size=3,activation='relu',padding='same')(x)
    x=Conv2D(512,kernel_size=3,activation='relu',padding='same')(x)
    x=MaxPool2D()(x)
    # 7×7×512
```

```
x=Flatten()(x) #将多维矩阵变成一维向量
x=Dense(4096,activation='relu')(x)
x=Dense(4096,activation='relu')(x)
x=Dense(2,activation='softmax')(x)
return k.models.Model(inpt,x)
```

注意，卷积层和全连接层进行连接时需要通过 Flatten 层将数据"压平"，即将多维的数据变成一维向量。

同样也可以搭建出 VGG19 网络。VGG19 的网络结构如图 6-5 所示。具体实现可参照 VGG16 网络结构搭建代码编写。

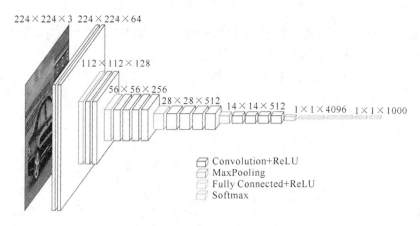

图 6-5　VGG19 的网络结构

通常，在模型训练过程中会出现几个问题：一是由于模型参数过多，显卡无法加载模型而导致显存不足（Out Of Memory，OOM）的情况出现，这里出现 OOM 的原因是模型最后使用了两层 4096 的全连接层，并且 Flatten 层参数量太大；二是训练时损失值稳定在 0.69 无法继续下降，推测是由于权重变成非数值（Not a Number，NaN）之后通过全连接层变成了相同的数值，导致最终每类的概率相同，即准确率在 50% 左右徘徊。

可以通过以下修改来解决这些问题。

（1）把 Flatten 层后面修改为如下代码，以减少全连接层神经元的数量。

使用 Python 减少全连接层神经元数量的代码如下。

```
x=Flatten()(x)
x=Dense(256,activation='relu')(x)
x=Dense(256,activation='relu')(x)
```

（2）使用 BN 层。由于网络的加深，在训练的过程中输入值的分布逐渐发生偏移或者变动，导致整体分布在非线性函数取值区间的上下限两端，从而导致出现梯度消失的情况。而一旦没有了梯度，神经网络就不能继续进行学习。BN 层的作用就是将这些偏移或者变动的输入值拉回到均值为 0、方差为 1 的标准正态分布中。标准正态分布如图 6-6 所示。这样可以使梯度变大，避免梯度消失。而梯度变大又意味着学习收敛的速度加快，从而可以大大加快训练速度。之后将要学习的 ResNet、DarkNet 等网络也都使用了 BN 的方法。

使用 Python 调用 BN 层的代码如下。

```
x=BatchNormalization()(x)
```

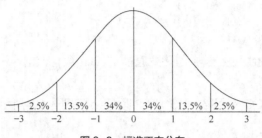

图 6-6　标准正态分布

最后一层使用 Sigmoid 激活函数，损失函数选用二元交叉熵，这是因为这个程序实际上是猫狗的二分类，使用"Sigmoid+二元交叉熵"的方法更好。

Sigmoid 函数将输入 x 输出到值域(0,1)中，即可以输出一个小于 1 的概率值。Sigmoid 函数如图 6-7 所示。Sigmoid 函数的公式如下：

$$\text{Sigmoid} = \frac{1}{1+\mathrm{e}^{-x}}$$

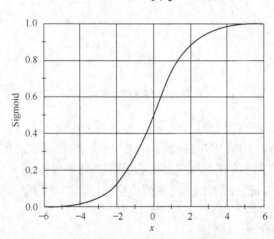

图 6-7　Sigmoid 函数

交叉熵（Cross Entropy，CE）的概念源自信息论，在深度学习中常用于度量真实标签与预测标签之间的差异，差异越小说明模型的学习效果越好。二元交叉熵（Binary Cross Entropy，BCE）是交叉熵在二分类情况下的简化。二元交叉熵的公式如下：

$$\text{Loss} = -\frac{1}{N}\sum_{i=1}^{N} y_i * \log(p(y_i)) + (1-y_i) * \log(1-p(y_i))$$

其中，y 是二元标签 0 或者 1，$p(y)$ 是输出属于 y 标签的概率。作为损失函数，二元交叉熵是用来评判一个二分类模型预测结果的好坏程度的。例如，对于标签 y 为 1 的情况，如果预测值 $p(y)$ 趋近于 1，那么损失函数的值应趋近于 0；如果预测值 $p(y)$ 趋近于 0，那么损失函数的值应比较大，这比较符合对数函数的性质。

使用 Sigmoid 与二元交叉熵的代码如下。

```
x=Dense(1,activation='sigmoid')(x)
model = VGG16_(k.Input((224,224,3)))
model.compile(loss='binary_crossentropy',optimizer=k.optimizers.Adam(lr=1e-4),
        metrics=['acc'])
```

然后就可以开始训练了。使用 Python 实现模型训练与保存的代码如下。

```
his=model.fit_generator(gen_data(x_train,y_train,batch_size),
            steps_per_epoch=len(x_train)//batch_size,
            validation_data=gen_data(x_test,y_test,batch_size),
            validation_steps=len(x_test)//batch_size,
            epochs=10)
# 显示测试准确率
plt.plot(his.history['val_acc'])
plt.show()
model.save('cvd.h5')
```

6.4 模型训练结果测试

当训练好一个模型之后，就可以进行模型测试了。使用 Python 实现模型测试的代码如下。

```
import tensorflow.keras as k
import cv2
label=['cat','dog']
# 加载模型
model=k.models.load_model('cvd.h5')
img=cv2.imread('cat.jpg')
img_=cv2.resize(img,(224,224)).reshape(-1,224,224,3)/255.
# 预测
p=model.predict(img_)
# 结果判断
p=0 if p[0][0]<0.5 else 1
# 在原图上显示结果
cv2.putText(img,label[p],(10,20),cv2.FONT_HERSHEY_COMPLEX,1,(0,255,0),2)
cv2.imshow('image',img)
cv2.waitKey(0)
```

预测结果如图 6-8 所示。

图 6-8　预测结果

本章小结

　　本章搭建了 VGG 网络进行猫狗的识别，在数据处理方面，应用了数据生成器的方式，使模型可以一边训练一边加载图片，大大降低了内存的使用量。并且在搭建网络的时候，使用全连接层和批量标准化层来降低网络的参数量，提高网络的学习率。

第7章
ResNet 实现手势识别

手势识别作为人机交互的重要组成部分，其研究、发展影响着人机交互的自然性和灵活性。目前有很多研究者将注意力集中在手势的最终识别方面，通常会将手势背景简化，并在单一背景下利用所研究的算法将手势进行分割，然后采用常用的识别方法将手势表达的含义分析出来。但在现实应用中，手势通常处于复杂的环境下，存在光线过亮或过暗、有较多手势、手势距采集设备的距离不同等各种复杂因素。这些方面的难题目前尚未得到解决，因此需要研究人员就目前所预想到的难题在特定环境下加以解决，进而通过多种方法的结合来实现适用于不同复杂环境的手势识别，并由此对手势识别研究及未来人性化的人机交互做出贡献。

7.1 ResNet 简介

一般印象中，网络深度越深，就代表有更强的表达能力。遵循这一想法，CNN 从 LeNet-5 的 5 层发展到了 VGG 的 16 或 19 层。可是后来研究发现，当 CNN 达到一定的深度后，再增加层数并不能带来分类性能进一步的提高，反而会导致网络收敛变得更慢。

受制于上述问题，VGG 网络达到 19 层后再增加层数就会导致分类性能下降。而残差神经网络（Residual Neural Network，ResNet）的提出者何恺明等人在 2015 年提出了残差学习（Residual Learning）的概念，以简化以前使用的网络，使之能够以更深的网络进行训练，并进一步将它应用在了 CNN 的构建当中，于是就有了基本的残差块（Residual Block）。ResNet 通过使用多个带参数的层来学习输入与输出之间的残差表示（真实值与预测值之间的差），而非像一般 CNN（如 AlexNet 和 VGG）那样使用带参数的层来直接尝试学习输入与输出之间的映射关系。

ResNet 的残差块结构如图 7-1 所示，在输入与输出之间多设置了一条直接连接通道，使得输出的信息中包含着上一层中输入的信息。这样做的意义在于新增的层只需要在原来输入层的基础上学习新的特征，即进行残差学习。换句话说，相对于浅层网络，深层网络得益于残差网络，至少不会有更差的效果。

在图 7-2 中，可以看到在不使用残差结构的情况下，18 层的神经网络反而比 34 层的神经网络效果好一点，而使用残差结构后，34 层神经网络的错误率（error）比 18 层神经网络的错误率小得多。横向对比来看，使用了残差结构的 18 层神经网络和未使用残差结构的 18 层神经网络得到的效果相当。这也说明了 ResNet 的提出使更深的神经网络变得可能。

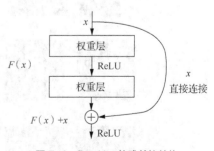

图 7-1　ResNet 的残差块结构

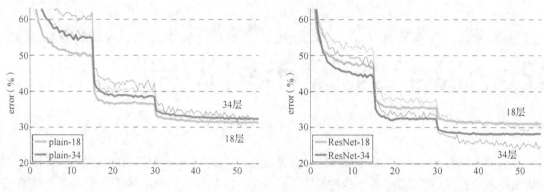

图 7-2　网络结构对比

7.2　数据集介绍及处理

　　数据集文件夹如图 7-3 所示。该数据集是由 50 位志愿者分别使用摄像头拍摄手势，并使用肤色提取获得的图片构成的。本数据集共有 4 个文件夹，数据集文件夹存放着 4 种手势的图片，分别为拳头、1、2 以及手掌。数据集内容如图 7-4 所示。

0	2019/9/19 10:25	文件夹	
1	2019/9/19 10:25	文件夹	
2	2019/9/19 10:25	文件夹	
3	2019/9/19 10:25	文件夹	

图 7-3　数据集文件夹

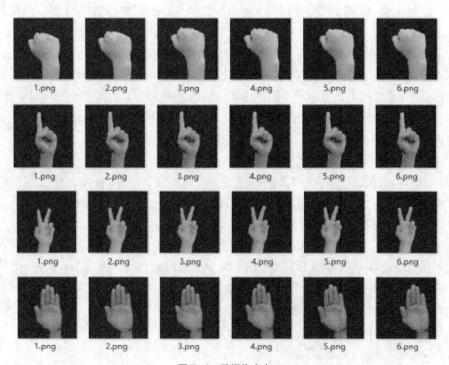

图 7-4　数据集内容

数据集中每种手势的图片大约为 500 张，该数据量对于重新训练一个模型来说是比较少的，所以需要对其进行数据增强。本章中使用了 tf.keras 中自带的数据增强。首先，新建一个 getimg.py 文件，写入如下代码。

```python
import cv2
from PIL import Image
import os
from tensorflow.keras.preprocessing.image \
    import ImageDataGenerator,array_to_img, img_to_array, load_img
import  numpy as np
from keras.utils import np_utils
import random


DATASET_PATH=r'D:\下载\skin\skin'
DATA_PATH='image_file'


# 数据增强
def getimage():
    if not os.path.exists(DATA_PATH):
        os.mkdir(DATA_PATH)
    image_file_paths=[os.path.join(DATASET_PATH,path)
                    for path in os.listdir(DATASET_PATH)]
    image_paths=[]
    for image_file_path in image_file_paths:
        image_paths.append([os.path.join(image_file_path,path)
                        for path in os.listdir(image_file_path)])
    datagen = ImageDataGenerator(
        rotation_range=30,width_shift_range=0.1,
        height_shift_range=0.2,shear_range=0.2,
        zoom_range=0.2,horizontal_flip=True,fill_mode='nearest')


    for image_path in image_paths:
        for i in image_path:
            print(i)
            dir_num=i.split('\\')[-2]
            img = load_img(i)
            x = img_to_array(img)
            x = x.reshape((1,) + x.shape)
            i = 0
            for batch in datagen.flow(x, batch_size=1,
                            save_to_dir=DATA_PATH,
                            save_prefix='%s' % dir_num,
                            save_format='jpg'):
                i += 1
                if i > 7:
                    break
```

程序运行结果如图 7-5 所示。当前目录中新增了一个 image_file 文件夹，里面存储的是进行数据增强之后的图片。可以看到，每种手势的图片量都增加了，而且手势的角度、方向也都发生了改变。

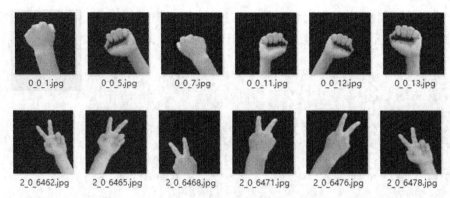

图 7-5 程序运行结果（1）

ImageDataGenerator 函数的参数及其说明如表 7-1 所示。

表 7-1 ImageDataGenerator 函数的参数及其说明

参数	说明
rotation_range	指定旋转角度范围，只需输入一个整数即可，但并不是固定以这个角度进行旋转，而是在[0, 指定角度]的范围内进行随机角度旋转
width_shift_range 和 height_shift_range	分别是水平位置平移和垂直位置平移，其参数可以是[0, 1]的浮点数，也可以大于 1，其最大平移距离为图片长或宽的尺寸乘参数。同样，平移距离并不固定为最大平移距离，而是在[0, 最大平移距离]的区间内
shear_range	错切交换的角度
zoom_range	随机缩放范围，以使图片在尺寸的长或宽方向进行放大或缩小
horizontal_flip	随机对图片执行水平翻转操作。意味着不一定对所有图片都执行水平翻转，每次生成均是选取随机图片进行水平翻转
fill_mode	输入边界以外的点，根据给定的模式填充，默认为"nearest"

接着加载 image_file 文件夹中的图片，对其进行二值化、归一化，以及标签独热编码的处理，在最后返回结果的时候，还需要打乱数据集。该过程代码如下。

```
# 加载数据集
def loaddata():
    if os.listdir(DATA_PATH) ==[]: # 判断是否已经进行数据增强
        getimage()
    images_paths=[os.path.join(DATA_PATH,path)
                for path in os.listdir(DATA_PATH)]
    print(images_paths)
    images=[]
    labels=[]
    for images_path in images_paths:
        image=cv2.imread(images_path) # 图像预处理
        blur=cv2.GaussianBlur(image,(3,3),1)
        gray=cv2.cvtColor(blur,cv2.COLOR_BGR2GRAY)
        ret, binary = cv2.threshold(gray, 0, 255,
                            cv2.THRESH_BINARY|cv2.THRESH_OTSU)
```

```
        images.append(binary)
        labels.append(images_path.split('\\')[-1].split('_')[0])
images=np.array(images)/255.0
labels=np_utils.to_categorical(labels) # 独热编码

# 打乱数据集
index = [i for i in range(len(images))]
random.shuffle(index)
images = images[index]
labels = labels[index]
print(images[0], labels[0])
return  images,labels
```

这样就可以得到完整的图片数据和标签了。接下来搭建神经网络，并进行训练。

7.3 主干网络搭建与训练

前文中说到，使用 ResNet 可以搭建更深的网络，ResNet 结构如图 7-6 所示，其中，layer name 代表层名，output size 代表输出层的大小，conv 代表卷积层，stride 代表卷积的步长，average pool 代表平均池化层，1000-d fc 代表长度为 1000 的全连接层，Softmax 代表使用 Softmax 激活函数，FLOPs 代表计算量。图 7-6 中分别是 ResNet18、ResNet34、ResNet50、ResNet101 以及 ResNet152 的结构，它们的输入都是一样的，而且都经过了卷积核为 7×7，步长为 2 的卷积操作以及最大池化操作，并在输出层使用了平均池化代替 Flatten 层。

layer name	output size	18-layer	34-layer	50-layer	101-layer	152-layer
conv1	112×112	7×7, 64, stride 2				
		3×3 max pool, stride 2				
conv2_x	56×56	$\begin{bmatrix} 3×3, 64 \\ 3×3, 64 \end{bmatrix}$ ×2	$\begin{bmatrix} 3×3, 64 \\ 3×3, 64 \end{bmatrix}$ ×3	$\begin{bmatrix} 1×1, 64 \\ 3×3, 64 \\ 1×1, 256 \end{bmatrix}$ ×3	$\begin{bmatrix} 1×1, 64 \\ 3×3, 64 \\ 1×1, 256 \end{bmatrix}$ ×3	$\begin{bmatrix} 1×1, 64 \\ 3×3, 64 \\ 1×1, 256 \end{bmatrix}$ ×3
conv3_x	28×28	$\begin{bmatrix} 3×3, 128 \\ 3×3, 128 \end{bmatrix}$ ×2	$\begin{bmatrix} 3×3, 128 \\ 3×3, 128 \end{bmatrix}$ ×4	$\begin{bmatrix} 1×1, 128 \\ 3×3, 128 \\ 1×1, 512 \end{bmatrix}$ ×4	$\begin{bmatrix} 1×1, 128 \\ 3×3, 128 \\ 1×1, 512 \end{bmatrix}$ ×4	$\begin{bmatrix} 1×1, 128 \\ 3×3, 128 \\ 1×1, 512 \end{bmatrix}$ ×8
conv4_x	14×14	$\begin{bmatrix} 3×3, 256 \\ 3×3, 256 \end{bmatrix}$ ×2	$\begin{bmatrix} 3×3, 256 \\ 3×3, 256 \end{bmatrix}$ ×6	$\begin{bmatrix} 1×1, 256 \\ 3×3, 256 \\ 1×1, 1024 \end{bmatrix}$ ×6	$\begin{bmatrix} 1×1, 256 \\ 3×3, 256 \\ 1×1, 1024 \end{bmatrix}$ ×23	$\begin{bmatrix} 1×1, 256 \\ 3×3, 256 \\ 1×1, 1024 \end{bmatrix}$ ×36
conv5_x	7×7	$\begin{bmatrix} 3×3, 512 \\ 3×3, 512 \end{bmatrix}$ ×2	$\begin{bmatrix} 3×3, 512 \\ 3×3, 512 \end{bmatrix}$ ×3	$\begin{bmatrix} 1×1, 256 \\ 3×3, 256 \\ 1×1, 2048 \end{bmatrix}$ ×3	$\begin{bmatrix} 1×1, 512 \\ 3×3, 512 \\ 1×1, 2048 \end{bmatrix}$ ×3	$\begin{bmatrix} 1×1, 512 \\ 3×3, 512 \\ 1×1, 2048 \end{bmatrix}$ ×3
	1×1	average pool, 1000-d fc, Softmax				
FLOPs		$1.8×10^9$	$3.6×10^9$	$3.8×10^9$	$7.6×10^9$	$11.3×10^9$

图 7-6　ResNet 结构

单看图 7-6，可能并不能很好地想象到 ResNet 的结构，读者可以一边理解图片一边写代码，以加深理解。首先是头部区域，结构如图 7-7 所示。可以看见，在最大池化层之后，分出了 2 条支路，一条支路照常进行卷积操作，一条支路不做什么操作，只在输出部分与另一条支路结合。这就是前面提到的残差结构。

本节以 ResNet 34 为例，首先定义一个函数 ResNet34，然后将 ResNet 中重复的部分提取出来(见

图 7-8）封装成一个 conv 函数，内容主要是卷积、批量标准化、激活函数。这是一个较为主流的组合，Python 代码如下。

```
def ResNet34(inpt):
    def conv(x,filters,kernel,stride,padding='same'):
        x=Conv2D(filters,kernel_size=kernel,
                strides=stride,padding=padding)(x)
        x=BatchNormalization()(x)
        x=Activation('relu')(x)
        return x
```

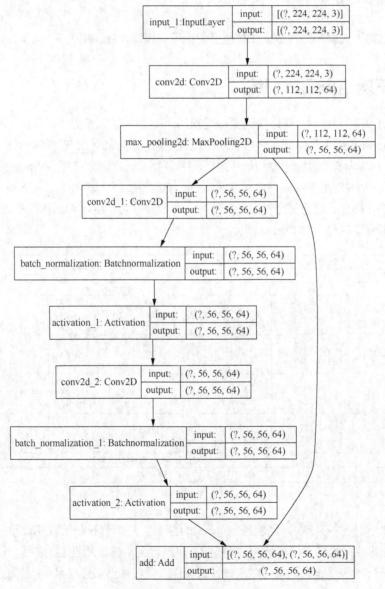

图 7-7　ResNet 头部区域结构

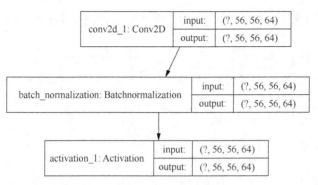

图 7-8　ResNet 中重复的部分

在残差结构中可以使用 add 函数来连接来自 2 个不同层的输出。注意，连接的 2 个层的形状必须是一致的。但是由于在残差块中会进行步长为 2 的卷积（长、宽减半）操作，因此在另一条支路中也要进行同样的操作以保证形状一致，如图 7-9 所示。

```
# 残差结构
def res_block(inpt,filters,kernel,stride=1,shortcut=False):
    x=conv(inpt,filters,kernel,stride)
    x=conv(x,filters,kernel,stride=1)
    if shortcut:
        y=conv(inpt,filters,kernel,stride)
        x=add([x,y])
    else:
        x=add([x,inpt])
    return x
```

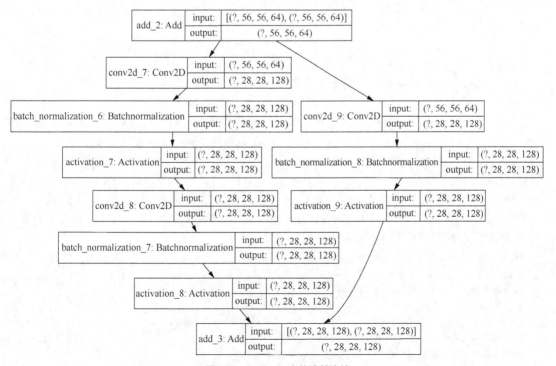

图 7-9　ResNet 中的残差连接

自此，一个基本的残差结构就搭建完成了。接着可以根据图 7-6 中的规律进行 ResNet-34 的搭建，具体代码如下。

```
# 224×224
x=Conv2D(64,kernel_size=7,strides=2,activation='mish',padding='same')(inpt)
# 112×112
x=MaxPool2D()(x)
# 56×56
x=res_block(x,64,3)
x=res_block(x,64,3)
x=res_block(x,64,3)

x=res_block(x,128,3,stride=2,shortcut=True)
# 28×28
x=res_block(x,128,3)
x=res_block(x,128,3)
x=res_block(x,128,3)

x=res_block(x,256,3,stride=2,shortcut=True)
# 14×14
x=res_block(x,256,3)
x=res_block(x,256,3)
x=res_block(x,256,3)
x=res_block(x,256,3)
x=res_block(x,256,3)

x=res_block(x,512,3,stride=2,shortcut=True)
# 7×7
x=res_block(x,512,3)
x=res_block(x,512,3)

x=GlobalAveragePooling2D()(x)
x=Dense(1000,activation='softmax')(x)
return k.models.Model(inpt,x)
```

这样一个 ResNet-34 就搭建完成了。根据图 7-6 中的规律，读者还可以搭建 ResNet-50 等。接下来开始训练，最后一层为 1000 个类别的输出，我们用不到这么多，按下面代码进行修改。

```
x=GlobalAveragePooling2D()(x)
x=Dropout(0.25)(x)
x=Dense(4,activation='softmax')(x)
return k.models.Model(inpt,x)
```

接着就可以开始训练了，代码如下。

```
from sklearn.model_selection import train_test_split
images,labels=getimg.loaddata()
images=images.reshape(-1,224,224,1)
# 分割测试集
x_train, x_test, y_train, y_test = train_test_split(images, labels, test_size=0.25)
# 激活函数为 Adam，学习率为 0.0003
adam=Adam(lr=0.0003)
model.compile(optimizer=adam,loss='categorical_crossentropy',
```

```
                   metrics=['accuracy'])
# 开始训练
model.fit(x_train, y_train, batch_size=16, epochs=30,
                verbose=1, validation_data=(x_test, y_test),
                callbacks=[TensorBoard(log_dir='./tmp/log')])
score, accuracy = model.evaluate(x_test, y_test, batch_size=16)
print('score:', score, 'accuracy:', accuracy)
model.save('Gesture1_0.h5')
```

7.4 模型训练结果测试

训练完成后，得到一个模型文件，可以使用这个模型文件来测试识别效果。本章将使用摄像头识别，由于放入训练的数据集是黑白的二值化图片，而在实际场景中是彩色的图片，因此会存在干扰的情况，这就需要使用肤色提取来减少这些干扰。所谓肤色提取，就是将图片中皮肤的 RGB（HSV）颜色区域识别出来并提取。首先定义一个 video.py 文件，然后写入如下代码，使用 RGB 进行肤色提取。

```
import cv2
import numpy as np
from tensorflow.keras.models import load_model


# 使用 RGB 进行肤色提取
def skin_color(img):
    rows, cols, channels = img.shape
    imgSkin = img.copy()
    # 获得每个通道中 R、G、B 的值，并判断是否处于阈值内
    for r in range(rows):
        for c in range(cols):
            # 分别获取各个通道的值
            B = img.item(r, c, 0)
            G = img.item(r, c, 1)
            R = img.item(r, c, 2)
            skin = 0  # 当通道的值在某个区间时像素取 1
            if (abs(R - G) > 15) and (R > G) and (R > B):
                if (R > 95) and (G > 40) and (B > 20) and \
                        (max(R, G, B) - min(R, G, B) > 15):
                    skin = 1
                elif (R > 220) and (G > 210) and (B > 170):
                    skin = 1
            # 设置图片像素值（二值化）
            if 0 == skin:
                imgSkin.itemset((r, c, 0), 0)
                imgSkin.itemset((r, c, 1), 0)
                imgSkin.itemset((r, c, 2), 0)
            else:
                imgSkin.itemset((r, c, 0), 255)
                imgSkin.itemset((r, c, 1), 255)
                imgSkin.itemset((r, c, 2), 255)
```

```
    return imgSkin
```

接着，加载训练好的模型，进行预测，代码如下。

```
model = load_model('Gesture1_0.h5')
cam = cv2.VideoCapture(0)
hand_label = ['0', '1', '2', '5']
```

然后打开摄像头，进行数据的实时处理，如肤色提取、高斯模糊、二值化、寻找最大连通区域等，代码如下。

```
while cam:
    _, img = cam.read()
    img = cv2.resize(img, (224, 224))
    # 二值化
    cr = skin_color(img)
    # 高斯滤波，cr 是待滤波的源图像数据
    # (5,5)是指窗口大小，0 是指根据窗口大小来计算高斯函数标准差
    cr1 = cv2.GaussianBlur(cr, (5, 5), 0)  # 对 cr 通道分量进行高斯滤波
    cr1 = cv2.cvtColor(cr1, cv2.COLOR_BGR2GRAY)
    # 根据最大类间方差法（OTSU 算法）求图像阈值，对图像进行二值化
    _, skin1 = cv2.threshold(cr1, 0, 255,
                             cv2.THRESH_BINARY | cv2.THRESH_OTSU)
    con= cv2.findContours(skin1, cv2.RETR_TREE,
                          cv2.CHAIN_APPROX_SIMPLE)
    rect = []
    # 寻找最大连通区域
    for i, contour in enumerate(con):
        # print(i,contour)
        x, y, w, h = cv2.boundingRect(con[i])
        rect.append(w * h)
    # 画出最大连通区域的矩形框
    if len(rect) != 0:
        x, y, w, h = cv2.boundingRect(con[rect.index(max(rect))])
        w = h = int((w + h) / 2)
        cv2.rectangle(img, (x-10, y), (x + w, y + h),
                      (153, 153, 0), 2)
        hand_image = img[y:y + h, x:x + w]
```

最后，把处理好的图片放入模型中预测并将预测的结果显示出来，以及释放摄像头资源，代码如下。

```
image = cv2.resize(skin1, (224, 224))
image_array = np.array(image)
image_array = image_array / 255.0
image_to_array = image_array.reshape(-1, 224, 224, 1)
p = model.predict(image_to_array)
final_p = [result.argmax() for result in p]
cv2.putText(img, '%s/.2f%%' % (hand_label[final_p[0]],
                               float(p[0][final_p[0]] * 100)),
                               (10, 20),
            cv2.FONT_HERSHEY_SIMPLEX, .5, (0, 0, 255), 1)
```

```
    cv2.imshow('s', image)
    cv2.imshow('ss', img)
    cv2.waitKey(1)
cam.release()
cv2.destroyAllWindows()
```

程序运行结果如图 7-10 所示。

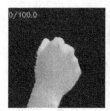

图 7-10　程序运行结果（2）

本章小结

　　本章搭建了 ResNet 进行手势识别。在数据处理方面，应用了数据增强技术对数据集进行扩充；在网络模型方面，对 ResNet 中最关键的残差块进行了实践；最后，使用了摄像头实时监测手势。

　　ResNet 主要的残差结构后续被用在很多出名的网络上，如 DenseNet、DarkNet 等。而且，该网络也被用于机器翻译、语音合成、语音识别等领域的研发上。所以，学会该网络的搭建对于后续的学习至关重要。

第8章

搭建 MobileNet 实现电表编码区域检测

随着科技的进步，电力行业发展迅速。电表是电力行业一种重要的工具，用来记录用户电量的使用情况并显示数据。传统的机械式电表正在逐步被智能数字显示电表取代，这种智能电表能够自动识别自身数字并将其传输到控制系统。但是，目前市面上的电表在数据收集中还存在两方面问题：一方面，因无线网络、电表箱等环境因素的不稳定性，电表的远程监控往往准确性欠佳；另一方面，由于受到区域因素以及技术因素的制约，有些电表无法实现数据的自动采集，只能安排工作人员手动抄表，大量的数据采集工作需要花费一定的人力，且工作人员长时间工作可能会出现读表错误。

近年来，随着图像处理技术的广泛应用，数据采集的要求降低，工作人员只需获得仪表图像，通过采用图像处理技术便可进行读表。这样不但有效避免了人力的浪费，还减少了环境等因素对电表读数准确性的影响，一定程度上提高了读表的准确性和可靠性。

8.1 目标检测基础及 YOLO 网络简介

8.1.1 目标检测基础

目标检测是计算机视觉和数字图像处理的一个热门方向，广泛应用于机器人导航、智能视频监控、工业检测、航空航天等诸多领域，它通过计算机视觉减少对人力资源的消耗，具有重要的现实意义。因此，目标检测也就成了近年来理论研究和应用的热点，它是图像处理和计算机视觉学科的重要分支，也是智能监控系统的核心部分。同时，目标检测也是泛身份识别领域的一个基础性的算法，对后续的人脸识别、步态识别、人群计数、实例分割等任务起着至关重要的作用。下面简单介绍传统的目标检测算法的步骤。

传统的目标检测算法分为以下 3 个步骤。

（1）区域选择。这一步是为了对目标进行定位。由于目标可能出现在图像的任何位置，而且目标的大小、长宽比例也不确定，因此最初采用滑动窗口的策略对整幅图像进行遍历，而且需要设置不同的大小及长宽比例。这种穷举的策略虽然包含了目标所有可能出现的位置，但是缺点也是显而易见的：时间复杂度太高，产生冗余窗口太多。这也严重影响后续特征提取和分类的速度及性能。

（2）特征提取。目标的形态多样性、光照变化多样性以及背景多样性等因素使得设计一个具有健壮性的特征并不容易。特征提取的好坏直接影响到分类的准确性，这一步常用的特征有尺度不变特征转换（Scale-Invariant Feature Transform，SIFT）、方向梯度直方图（Histogram of Oriented Gradient，HOG）等。SIFT 是一种机器视觉的算法，用来侦测与描述图像中的局部性特征，它在空间尺度中寻找极值点，并提取出其位置、尺度、旋转不变数。HOG 是应用在计算机视觉和图像处理领域，用于目标检测的特征描述器，这项技术用来计算局部图像梯度的方向信息的统计值。

（3）分类。根据第（2）步提取的特征对目标进行分类，机器学习分类器有支持向量机（Support Vector Machine，SVM）、自适应增强（Adaptive Boosting，AdaBoost）等。

基于深度学习的目标检测算法，目前主流的分类器算法模型大概可以分为两大类，分别是 one-stage 目标检测算法以及 two-stage 目标检测算法。

（1）one-stage 目标检测算法。one-stage 目标检测算法也称 one-shot 目标检测算法，这种算法可以在一个阶段中直接产生类别的概率和位置坐标值。该算法具体流程比较简单，如图 8-1 所示。在测试的时候，使用 CNN 对输入图像进行特征提取之后，产生特征向量，并进行解码（Decode），即可进行对应的后处理，形成对应的检测框。而在训练的时候，只需要把真实的标注框（GT）编码（Encode）成与目标（Target）相同的编码格式，并计算损失即可。目前对 one-stage 目标检测算法的主要创新集中在如何设计 CNN 结构、如何构建网络目标以及如何设计损失函数上。

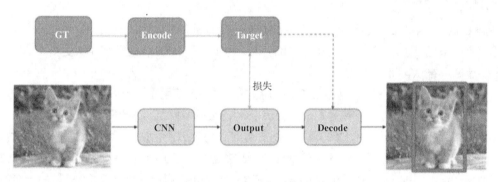

图 8-1　one-stage 目标检测算法流程

（2）two-stage 目标检测算法。two-stage 目标检测算法可以看作进行两次 one-stage 检测，第一次初步检测出物体位置，第二次对第一次的结果做进一步的精化处理，对每一个候选区域进行 one-stage 检测。算法流程如图 8-2 所示。在测试的时候输入图像经过 CNN 产生第一次输出，对输出进行解码，并进行选择（Select）处理生成候选区域（Region of Interest，RoI），然后获取对应 RoI 的特征表示，再对 RoI 进一步精化产生第二次的输出，解码（后处理）生成最终结果，并生成对应检测框即可。在训练的时候需要将真实的标注框编码成与目标（Target1、Target2）相同的编码格式，并计算对应损失。目前对于 two-stage 目标检测算法的主要创新集中在如何高效准确地生成 RoI、如何获取更好的 RoI 特征、如何加速 two-stage 目标检测算法以及如何改进后处理方法等。

由以上可知，one-stage 目标检测算法相对于 two-stage 目标检测算法在计算机中的预测速度更快，但是由于 two-stage 目标检测算法还对结果进行了进一步的精化，所以 two-stage 目标检测算法的精度更高。因此，对于不同的应用场景，可以选择不同的算法进行处理。

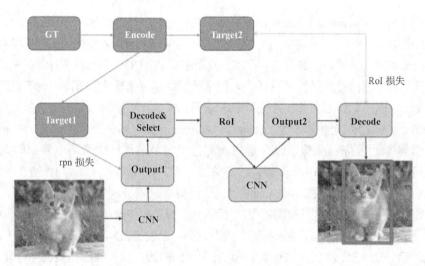

图 8-2　two-stage 目标检测算法流程

8.1.2　YOLO 算法

（You Only Look Once，YOLO）算法是 one-stage 目标检测算法中的一员。它通过一个网络就可以输出类别、置信度、坐标位置等。截至 2021 年 5 月 10 日，YOLO 经历了 4 次更新（YOLOv5 由于一些原因暂不被认可）。

（1）YOLOv1。这是 YOLO 系列的第 1 个版本，对图像使用重塑（Resize）尺寸方法，变换图像尺寸为 448×448 作为输入，并使用 GoogLeNet 作为特征提取网络。输出的尺寸为 7×7×30，YOLOv1 网络结构如图 8-3 所示。即将图像的尺寸划分为 7×7，每个单元格独立预测。这里需要注意，不是将 7×7 的每个单元格都输入网络中进行预测，这里的划分只是为了物体中心点位置的划分（划分越多越准确），物体的中心点落在哪个单元格，就由哪个单元格负责预测。7×7×30 的最后一个维度 30 由 3 个部分构成。对于每一个单元格，前 20 个元素是类别概率值，后 2 个元素是边界框置信度，两者相乘可以得到类别置信度，最后 8 个元素是边界框的（中心点 x 坐标、中心点 y 坐标、宽度 w、高度 h）信息。

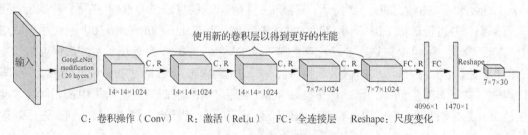

图 8-3　YOLOv1 网络结构

YOLOv1 首先将 ImageNet 作为训练集预训练模型，最终达到 88% 的精度，然后使用迁移学习将预训练的模型应用到当前标注的训练集进行训练。模型输出 5 维信息 $(x, y, w, h, score)$，使用 Leaky ReLU 作为激活函数，在全连接层后添加随机失活层防止过拟合。得到输出值之后，需要计算每个边界框与真实标签的损失值，然后通过非极大值抑制筛选边界框。

（2）YOLOv2。这是 YOLO 系列的第 1 个改进版本，它做出的改进如下。

YOLOv2 首次提出了以 DarkNet-19 作为基础模型，并使用卷积层代替了全连接层，解决了 YOLOv1 全连接的问题。YOLOv2 还使用批量标准化替代了随机失活，以提升模型的泛化能力，并且它舍弃了直接预测边界框的位置和大小，受 Faster RCNN 的启发，有了锚定（Anchor）的概念，直接预测边界框相对于锚定边界框（Anchor Box）的偏移量。YOLOv2 网络结构如图 8-4 所示，其中 conv. 代表卷积操作；max pool 代表池化操作；classes 代表识别的类别，boundary boxes 代表由识别物体的中心点以及宽、高组成的边界盒。

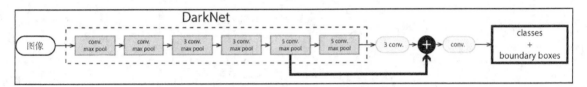

图 8-4　YOLOv2 网络结构

（3）YOLOv3。这是 YOLO 系列的第 2 个改进版本，它将 YOLOv2 中的 DarkNet-19 改为特征提取能力更强的 DarkNet-53；并且，它开始使用多尺度输出来预测数据，这大大提高了 YOLO 检测小目标的性能；它还使用特征金字塔结构，加强特征的提取。YOLOv3 网络结构如图 8-5 所示，其中 Backbone 指主干网络为 DarkNet53，Neck 指通过图像金字塔加强特征提取，Prediction 指将要进行预测的特征向量，Concat 指通过特征融合增强特征提取的效果，CBL 是指卷积层（Conv）、批量标准化层（BN）、LeakyReLU 激活层的融合层，Res unit 是指进行残差连接，ResX 是指 CBL 与 Res unit 进行融合的层。

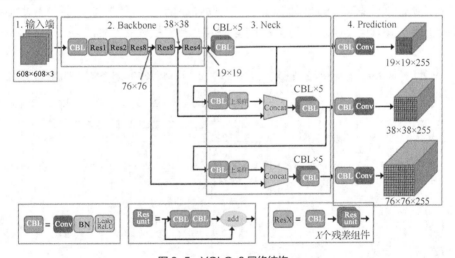

图 8-5　YOLOv3 网络结构

（4）YOLOv4。这是 YOLO 系列的第 3 个改进版本，它将 YOLOv3 中的算法和目前主流的算法进行整合，例如，使用空间金字塔池化（Spatial Pyramid Pooling，SPP）增大感受野（表示网络内部不同位置的神经元对原图像的感受范围的大小）、引入注意力机制、使用 Mosaics 数据增强等。正是这些修改，使得 YOLOv4 成为业界中较为好用的目标检测框架，兼顾了精度与速度。YOLOv4 算法与其他算法的效果对比如图 8-6 所示。图 8-6 中，MS COCO Object Detection 是指在 COCO 数据集上进行的目标检测，横坐标（FPS(V100)）是指不同算法在 V100 GPU 上的识别帧率，单位为帧/秒。纵坐标（AP）是识别准确率。可以看出 YOLOv4（ours）算法在兼顾识别准确率的同时也有不错的识别速率。

本章将使用目前应用比较广泛的目标检测算法 YOLOv3 进行电表编码区域的检测。

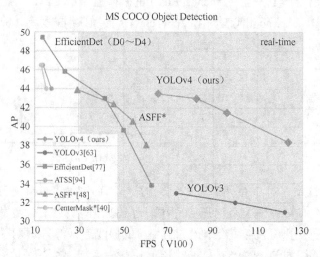

图 8-6　YOLOv4 算法与其他算法的效果对比

8.1.3　下载 YOLOv3 源码

由于从论文复现源码花费的时间和精力成本过高，因此为了更快地满足需求，本书提供一个已经编写好的项目。将项目文件以及权重文件下载下来后，将权重文件放在 keras-yolo3-master 的文件夹下。

接着使用 PyCharm 终端输入图 8-7 所示的命令，把 DarkNet 框架下的 YOLOv3 配置文件转换成 Keras 适用的.h5 文件。

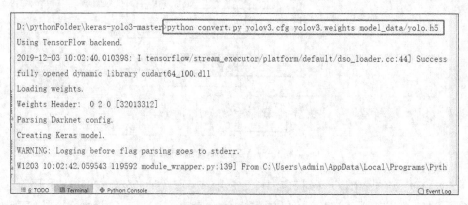

图 8-7　模型转换

然后测试是否可以成功运行。进入 yolo.py 文件中，在文件的最后添加如下代码（需要自定义视频地址）。运行 yolo.py 文件，若出现图 8-8 所示的视频检测画面，说明运行成功。

```
yolo=YOLO()
detect_video(yolo,'test.mp4')
```

图 8-8　实时目标检测

8.2　数据集介绍及处理

电表数据集包含广州某小区的实际电表图片，详见本书配套资源，具体如图 8-9 所示。图片是以电表编号以及已使用电量命名的，例如，2001477799000001_018.jpg。

| 20014777799000 | 20014777799000 | 20014777799000 | 20014777799000 | 20014777799000 | 20014777799000 |
| 001_018.jpg | 002_006.jpg | 003_004.jpg | 004_005.jpg | 005_015.jpg | 006_003.jpg |

图 8-9　电表数据集

需要对这些图片数据进行标注，这里使用 LabelImg 进行图片标注。

（1）使用命令 pip install labelimg，下载 LabelImg 工具。

（2）创建一个文件，结构如图 8-10 所示。这也是 VOC 数据集的结构，VOC 数据集实际上是一个名为 PASCAL VOC 的世界级计算机视觉挑战赛中的数据集，很多模型都基于此数据集推出，如目标检测领域的 YOLO、SSD 等。此数据集存放的数据为：

- JPEGImages 里面存放的是已经修改好名称的图片；
- Annotations 里面存放的是将要标注好的 XML 文件；
- ImageSets 里面存放的是后面会切分的训练集、测试集、验证集的图片命名。

（3）按"Win+R"快捷键打开"命令提示符"窗口，输入 labelimg，就可以进行数据标注了，如图 8-11 所示。LabelImg 布局如图 8-12 所示，可以打开 Open Dir 文件夹，对文件夹的图片

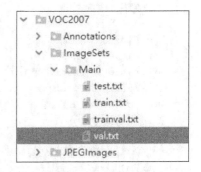

图 8-10　文件结构

进行标注，文件夹的图片路径在右下角颜色框选区域中。单击鼠标右键选择"Create"即可对指定的区域进行标注。命名显示在右上角红色框选区域中。

```
C:\Users\admin>labelimg
```

图 8-11　输入 labelimg

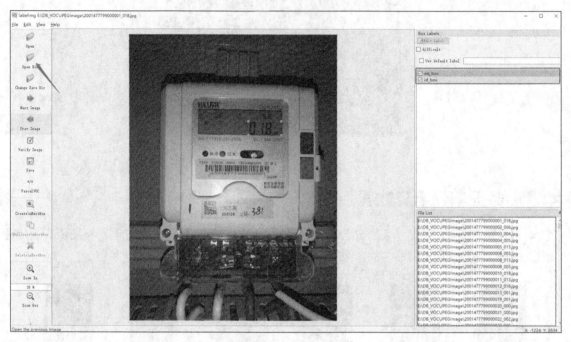

图 8-12　LabelImg 布局

当一张图片标注完成之后，就可以单击"Save"按钮将其保存到 Annotations 文件夹中，往复循环标注之后，就得到了一个标注好的数据集。

数据标注完成之后，需要回到 PyCharm 中，在 VOC2007 文件夹中新建 train_text.py，写入如下代码，目的是对 XML 文件进行切分。

```python
import os
import random
# 训练集和测试集的比例为 8 : 2
trainval_percent = 0.2
train_percent = 0.8
xmlfilepath = 'Annotations'
txtsavepath = 'ImageSets\Main'
total_xml = os.listdir(xmlfilepath)
num = len(total_xml)
list = range(num)
tv = int(num * trainval_percent)
tr = int(tv * train_percent)
trainval = random.sample(list, tv)
train = random.sample(trainval, tr)
# 分别写入如下文件
```

```
ftrainval = open('ImageSets/Main/trainval.txt', 'w')
ftest = open('ImageSets/Main/test.txt', 'w')
ftrain = open('ImageSets/Main/train.txt', 'w')
fval = open('ImageSets/Main/val.txt', 'w')
for i in list:
    name = total_xml[i][:-4] + '\n'
    if i in trainval:
        ftrainval.write(name)
        if i in train:
            ftest.write(name)
        else:
            fval.write(name)
    else:
        ftrain.write(name)
ftrainval.close()
ftrain.close()
fval.close()
ftest.close()
```

但是，这几个文件并不能直接被 YOLOv3 读取，所以需要再做一次转换。修改 voc_annotation.py 文件，将 classes 修改为"id_box""ep_box"，代码如下。

```
sets = [('2007', 'train'), ('2007', 'val'), ('2007', 'test')]
classes = ["id_box","ep_box"]
```

运行后会得到图 8-13 中的 3 个.txt 文件，它们分别对应的是训练集（2007、train.txt）、测试集（2007、test.txt）、验证集（2007、val.txt）的图片信息。

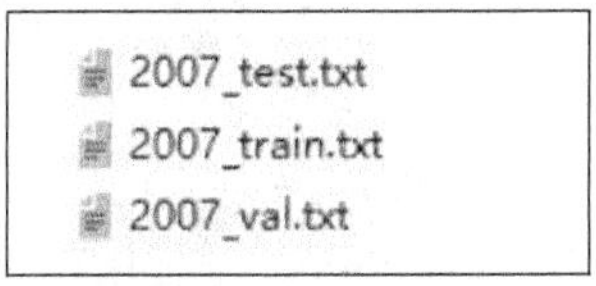

图 8-13　生成的文件

如图 8-14 所示，每个文件都记录着 3 个信息：图片地址、标注的坐标，以及标注名称的索引（与上面修改的 voc_annotation.py 文件中的 classes 相对应）。

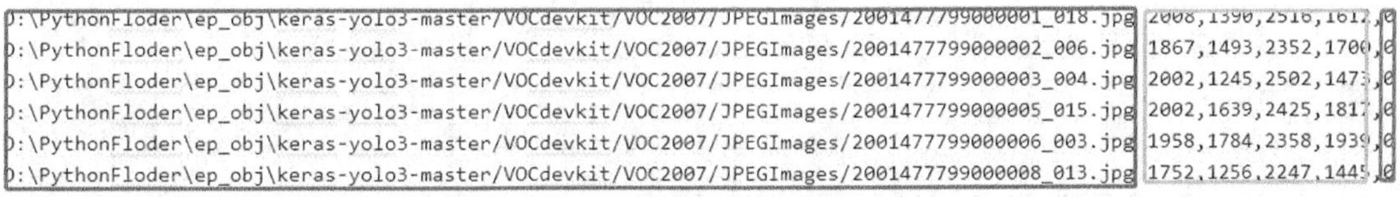

图 8-14　文件内容

接着，修改 model_data 文件夹下的 voc_classes.txt，将 classes 修改为"id_box""ep_box"，修改格式如下。

```
id_box
ep_box
```

这样，数据集就制作完成了。在程序运行的时候，会分别读取 .txt 文件中的路径信息和标注信息。

8.3 主干网络搭建与训练

YOLOv3 是 YOLO 系列目标检测算法中的第 3 版，相比之前的算法，尤其是针对小目标，精度有显著提升。YOLOv3 中使用与 ResNet 相似的结构，如图 8-15 所示。图中曲线箭头代表的便是直接连接。除此之外，此结构与普通的 CNN 结构并无区别。随着网络越来越深，学习特征的难度也就越来越大。但是如果加一条直接连接，学习过程就从直接学习特征，变成在之前学习的特征的基础上添加某些特征来获得更好的特征。这样一来，一个复杂的特征 $H(x)$ 就由之前的一层一层学习变成了一个模型 $H(x)=F(x)+x$，其中 x 是直接连接开始时的特征，而 $F(x)$ 就是对 x 进行的填补与增加，称为残差。因此，学习的目标就从学习完整的信息变成学习残差了。这样一来，学习优质特征的难度大大降低。

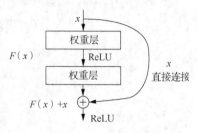

图 8-15 残差块结构

整个YOLOv3 的网络结构如图8-16所示，其中，Residual Block 代表残差块，5L 代表经过 5 层的 CBI 结构。YOLOv3 的主干网络（backbone）是 DarkNet-53，也就是图中的虚线部分。DarkNet-53 输入尺寸为 416×416 的 3 通道图片，并且它有 3 个输出，分别位于 8 倍下采样、16 倍下采样以及 32 倍下采样中。

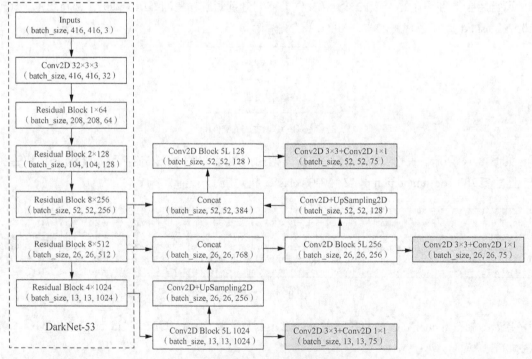

图 8-16 YOLOv3 的网络结构

主干网络的搭建比较简单，在前面下载的源码中有复现的代码，这里不过多介绍。YOLOv3 的基础模型实际上是对 DarkNet-53 的扩展，在增强特征提取的同时，让数据的输出规范化。它使用了一个特征金字塔的操作，如图 8-17 所示。将最底层的特征进行上采样，并和上一层提取出的特征做进一步融合，从而增强特征的提取，最终进行预测（predict）。

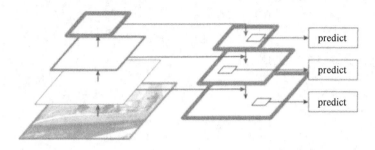

图 8-17　特征金字塔

接着，输出 3 个提取后的特征层，它们的特征维度分别为 $(N,13,13,75)$、$(N,26,26,75)$、$(N,52,52,75)$。以维度最小的输出 $(N,13,13,75)$ 为例，第 1 个维度的 N 是指一个批次中输入的图片数量，这个比较好理解；第 2、3 个维度的 13、13 可以理解为把原图划分到一个 13×13 的网格中，如图 8-18 所示；第 4 个维度的 75 可以理解为 3×(20+5)，3 是 YOLOv3 中每组先验框的数量，20 是分类的数量（20 是 VOC 数据集中的类别数量，放到当前的任务上只有 2），而 5 事实上是中心点坐标和宽高的偏置，以及识别的置信率。

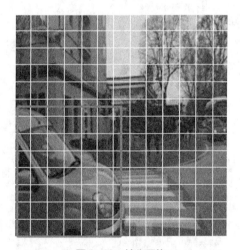

图 8-18　输出网格

在开始训练之前，需要把数据集制作成一个生成器的结构，以便一边训练，一边读取数据，这样可以大大减小内存的压力。具体操作为：将 train.py 中的代码删除，并添加如下的代码，用于制作生成器。

```
import numpy as np
import keras.backend as K
from keras.layers import  Input,Lambda
from keras.models import Model
from keras.callbacks import TensorBoard,ModelCheckpoint,ReduceLROnPlateau
from yolo3.model import preprocess_true_boxes,yolo_body,yolo_loss
from yolo3.utils import get_random_data
```

```
import keras
# 数据生成器
def data_generator(annotation_lines,
                batch_size,input_shape,
                anchors,num_classes):
    '''
    annotation_lines:图片地址区域，类别
    batch_size:批大小
    input_shape:模型输入大小
    anchors:anchors_box
    num_classes:类别数量
    '''
    while True:
        image_data=[]
        box_data=[]
        for i in annotation_lines:
            # 获得通过随机截取、图片增强，并且缩放到 416×416 的图片，以及相应的标注框数据
            image,box=get_random_data(i,input_shape,random=True)
            image_data.append(image)
            box_data.append(box)
            # 数据达到一个批次时返回
            if len(image_data)==batch_size:
                image_data=np.array(image_data)
                box_data=np.array(box_data)
                y_true=preprocess_true_boxes(
                    box_data,input_shape,
                    anchors,num_classes)
                # 组装数据
                yield [image_data,*y_true],np.zeros(batch_size)
                image_data=[]
                box_data=[]
```

然后，编写其他函数，用来读取 TXT 文件中的数据以及构建训练模型，代码如下。

```
# 获取标签名称
def get_classes(path):
    with open(path) as f:
        class_names=f.readlines()
    class_names=[c.strip() for c in class_names]
    return class_names


# 获取 anchors_box
def get_anchors(path):
    with open(path) as f:
        anchors=f.readline()
    anchors=[float(x) for x in anchors.split(',')]
    return np.array(anchors).reshape(-1,2)


# 创建模型结构
def create_model(input_shape,anchors,num_classes,
    load_weight=False,weight_path='logs/000/weights.h5'):
    K.clear_session()
```

```python
image_input=Input(shape=(None,None,3))
h,w=input_shape    # (416,416)
num_anchors=len(anchors)      # 9

# 分别对应 YOLOv3 的 3 个输出 13×13、26×26、52×52
y_true=[Input(shape=(h//{0:32,1:16,2:8}[l],
                     w//{0:32,1:16,2:8}[l],
                     num_anchors//3,num_classes+5)) for l in range(3)]

model_body=yolo_body(image_input,num_anchors//3,num_classes)
print('yolo3 model with %s anchors and %s classes'%(num_anchors,num_classes))
# 是否加载权重
if load_weight:
    model_body.load_weights(weight_path,by_name=True,
                            skip_mismatch=True)
model_loss=Lambda(yolo_loss,output_shape=(1,),name='yolo_loss',
            arguments={'anchors':anchors,
                       'num_classes':num_classes,
                       'ignore_thresh':0.7})\
                      ([*model_body.output,*y_true])
model=Model([model_body.input,*y_true],model_loss)


return model
```

接着，进行训练函数的编写，在训练的时候，可以使用回调函数对训练过程进行控制。例如，使用 ModelCheckpoint 函数可以自动保存最佳的模型，使用 ReduceLROnPlateau 函数可以控制学习率衰减，具体代码如下。

```python
# 训练函数
def train(model, annotation_path, test_path, input_shape, anchors, num_classes, log_dir='logs/'):
    '''
    model:模型
    annotation_path,test_path:训练路径和测试路径
    input_shape:模型输入
    anchors:anchors_box
    num_classes:类别个数
    '''
    # 编译模型
    model.compile(optimizer=keras.optimizers.Adam(lr=3e-4),
                  loss={'yolo_loss': lambda y_true, y_pred: y_pred})

    # 定义自动保存最佳模型
    checkpoint = ModelCheckpoint(log_dir +
                        'ep{epoch:03d}-loss{loss:.3f}-val_loss{val_loss:.3f}.h5',
                        monitor='val_loss', save_weights_only=True,
                        save_best_only=True, period=1)
    # 学习率衰减
    reduce_lr = ReduceLROnPlateau(monitor='val_loss', factor=0.2, patience=10,
                        min_lr=1e-7, verbose=1)

    # 批大小、训练集和测试集的划分比例
```

```
batch_size = 6
val_split = 0.1
with open(annotation_path) as f:
    train_lines = f.readlines()
with open(test_path) as f:
    test_lines = f.readlines()

# 打乱数据
lines = train_lines + test_lines
np.random.shuffle(lines)
num_val = int(len(lines) * val_split)
num_train = len(lines) - num_val

print('train on %s , test on %s , batch_size: %s' % (num_train, num_val, batch_size))

# 训练
model.fit_generator(data_generator(lines[:num_train],
                                   batch_size, input_shape,
                                   anchors, num_classes),
                    steps_per_epoch=num_train // batch_size,
                    validation_data=data_generator(lines[num_train:],
                                                   batch_size, input_shape,
                                                   anchors, num_classes),
                    validation_steps=num_val // batch_size,
                    callbacks=[reduce_lr, checkpoint],
                    epochs=500)
model.save_weights(log_dir + 'weights.h5')
```

最后，只需要定义一个 main 函数，并调用它即可进行训练，代码如下。

```
def _main():
    # 定义路径
    annotation_path = '2007_train.txt'
    test_path = '2007_test.txt'
    log_dir = 'logs/000/'
    classes_path = 'model_data/voc_classes.txt'
    anchors_path = 'model_data/eq_anchors.txt'
    # 获取类别
    class_names = get_classes(classes_path)
    # 获取 anchors_box
    anchors = get_anchors(anchors_path)
    input_shape = (416, 416)
    # 搭建模型
    model = create_model(input_shape, anchors, len(class_names))
    # keras.utils.plot_model(model,'yolo.png',show_shapes=True)
    # 训练
    train(model, annotation_path, test_path, input_shape,
          anchors, len(class_names), log_dir=log_dir)
if __name__ == '__main__':
    _main()
```

8.4 模型结构修改

由于 DarkNet-53 的网络结构相对来说比较大，拥有的参数量也比较多，在性能较差的机器上可能无法进行训练，或者训练速度、预测速度慢，因此可以通过修改模型结构来提升速度。下面将介绍一个更加轻量级的网络——MobileNet 来进行更加快速的训练与预测，当然这会损失一定的准确率。

8.4.1 MobileNet 简介

MobileNet 是 Google 公司在 2017 年提出的，是一款专注于移动设备和嵌入式设备的轻量级 CNN，并迅速衍生出了 v1、v2、v3 这 3 个版本，它相对于传统的 CNN，在准确率小幅降低的前提下，可大大减少模型参数的运算量。它和传统的 CNN 最大的区别是，把标准的卷积层换成了深度可分离卷积。可分离卷积，顾名思义就是把一个大的卷积核换成两个小的卷积核。

一个标准的卷积是将前一层的特征进行 n 个卷积核的卷积操作，生成 n 个通道的特征，如图 8-19 所示。

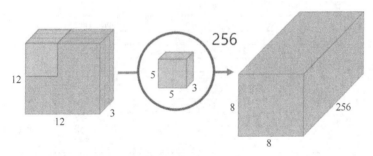

图 8-19　标准卷积

而深度可分离卷积由深度卷积和逐点卷积组成。所谓深度卷积，就是把卷积核变成单通道，当输入有 M 个通道时，就需要有 M 个卷积核，然后对每个通道分别进行卷积，最后做叠加，如图 8-20 所示。

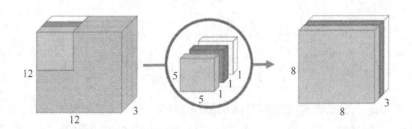

图 8-20　深度卷积

而逐点卷积，可以理解为使用 1×1 的卷积核进行卷积，作用是对深度卷积后的特征进行升维，所以将上面两步组合起来，就形成了深度可分离卷积。逐点卷积如图 8-21 所示。

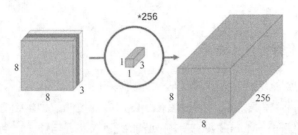

图 8-21　逐点卷积

8.4.2　MobileNet 搭建

MobileNet 首先利用 3×3 的深度可分离卷积提取空间特征，然后利用逐点卷积来组合通道特征，同时扩充到目标通道数，这样既减少了参数量、计算量，又提高了网络的运算速度。那么这样一个网络模型的网络结构是怎样的呢？

在论文"MobileNets: Efficient Convolutional Neural Networks for Mobile Vision Applications"中，作者是这样表示的：第一列是使用的卷积类型及其步长参数，第二列是卷积核的尺寸，第三列是输入的尺寸，如图 8-22 所示。

Type/Stride	Filter Shape	Input Size
Conv/s2	3×3×3×32	224×224×3
Conv dw/ s1	3×3×32 dw	112×112×32
Conv/s1	1×1×32×64	112×112×32
Conv dw/s2	3×3×64 dw	112×112×64
Conv/s1	1×1×64×128	56×56×64
Convdw/s1	3×3×128 dw	56×56×128
Conv/sl	1×1×128×128	56×56×128
Conv dw/s2	3×3×128 dw	56×56×128
Conv/s1	1×1×128×256	28×28×128
Conv dw/ sl	3×3×256 dw	28×28×256
Conv/s1	1×1×256×256	28×28×256
Conv dw/s2	3×3×256 dw	28×28×256
Conv/s1	1×1×256×512	14×14×256
5× Conv dw/ s1	3×3×512 dw	14×14×512
Conv/sl	1×1×512×512	14×14×512
Conv dw/s2	3×3×512 dw	14×14×512
Conv/s1	1×1×512×1024	7×7×512
Conv dw/s2	3×3×1024 dw	7×7×1024
Conv/s1	1×1×1024×1024	7×7×1024
Avg Pool/sl	Pool 7×7	7×7×1024
FC/sl	1024×1000	1×1×1024
Softmax/s1	Classifier	1×1×1000

图 8-22　MobileNet 结构

根据图 8-22 可以发现，它重复使用了 Conv dw/s2 和 Conv/s1 这两个层。实际上，这个组合可以表示为图 8-23 所示的结构：图 8-23（a）所示的是标准的卷积结构，图片依次通过卷积层、BN 层、激活层；图 8-23（b）所示的是 MobileNet 中的结构，它经过一个深度可分离卷积层（Depthwisc Conv）之后同样经过了 BN 层与激活层，不同的是它还通过一个 1×1 的卷积层进行升维并且再次经过 BN 层与激活层。

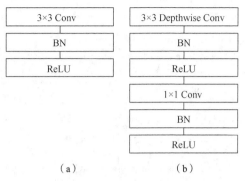

图 8-23　MobileNet 基础结构

对于重复使用的结构，可以将它们提取出来，减少重复代码。由于要修改 YOLOv3 中的网络结构，因此可以在 YOLOv3 文件夹中的 model.py 中定义一个 MobileNet 函数，并写入如下代码。_depthwise_conv_block 函数就是 MobileNet 中重复的部分，可以看到，图片依次通过 3×3 的深度可分离卷积层、BN 层、激活层、1×1 的卷积层、BN 层、激活层。

```python
import tensorflow.keras as k
from tensorflow.keras import layers


def MobileNet (inpt,num_classes=1000):
    # 深度可分离卷积
    def _depthwise_conv_block(inputs, filters,strides=(1, 1), block_id=1):
        if strides == (1, 1):
            x = inputs
        # 当步长不为1时填充0，防止尺寸缩小
        else:
            x = layers.ZeroPadding2D(((0, 1), (0, 1)),
                                     name='conv_pad_%d' % block_id)(inputs)
        # 深度可分离卷积
        x = layers.DepthwiseConv2D((3, 3),
                                   padding='same' if strides == (1, 1) else 'valid',
                                   strides=strides,
                                   use_bias=False,
                                   name='conv_dw_%d' % block_id)(x)
        x = layers.BatchNormalization(name='conv_dw_%d_bn' % block_id)(x)
        x = layers.ReLU(6., name='conv_dw_%d_relu' % block_id)(x)

        # 正常的卷积步长为1×1
        x = layers.Conv2D(filters, (1, 1),
                          padding='same',
                          use_bias=False,
                          strides=(1, 1),
                          name='conv_pw_%d' % block_id)(x)
        x = layers.BatchNormalization(name='conv_pw_%d_bn' % block_id)(x)

        return layers.ReLU(6., name='conv_pw_%d_relu' % block_id)(x)
```

因为 MobileNet 的第一层就是一个普通的卷积，所以在 MobileNet 函数中再定义一个基本卷积的函数，代码如下。

```
# 基本卷积
def _conv_block(inputs, filters, kernel=(3, 3), strides=(1, 1)):
    x = layers.ZeroPadding2D(padding=((0, 1), (0, 1)), name='conv1_pad')(inputs)
    x = layers.Conv2D(filters, kernel,
                    padding='valid',
                    use_bias=False,
                    strides=strides,
                    name='conv1')(x)
    x = layers.BatchNormalization(name='conv1_bn')(x)
    return layers.ReLU(6., name='conv1_relu')(x)
```

最后，再将前面的 2 个函数按照图 8-22 中的模型结构——堆叠起来，一个 MobileNet 的网络模型就搭建完成了，代码如下。

```
# 模型输入
inpt=k.Input(inpt)
# 第一个是正常的卷积操作 224×224×3→112×112×32
x = _conv_block(inpt, 32, strides=(2, 2))


# 第一个深度可分离卷积块 112×112×32→112×112×32
x = _depthwise_conv_block(x, 32, block_id=1)
# 第二个深度可分离卷积块 112×112×32→112×112×64
x = _depthwise_conv_block(x, 64, block_id=2)
# 112×112×64→56×56×128
x = _depthwise_conv_block(x, 128,
                        strides=(2, 2), block_id=3)
# 56×56×128 → 56×56×128
x = _depthwise_conv_block(x, 128, block_id=4)


# 56 × 56 × 128 → 28×28×256
x = _depthwise_conv_block(x, 256,
                        strides=(2, 2), block_id=5)
#  28×28×256→ 28×28×256
x = _depthwise_conv_block(x, 256,block_id=6)


# 28 × 28 × 256 →14×14×512
x = _depthwise_conv_block(x, 512,
                        strides=(2, 2), block_id=7)
# 14 × 14 × 512 → 14×14×512
x = _depthwise_conv_block(x, 512,  block_id=8)
x = _depthwise_conv_block(x, 512,  block_id=9)
x = _depthwise_conv_block(x, 512,  block_id=10)
x = _depthwise_conv_block(x, 512,  block_id=11)


# 14×14×512 →7×7×1024
x = _depthwise_conv_block(x, 1024,
                        strides=(2, 2), block_id=12)


# 7×7×1024 →7×7×1024
x = _depthwise_conv_block(x, 1024, block_id=13)
```

```
# 7×7×1024→1×1×1024
x = layers.GlobalAveragePooling2D()(x)
x = layers.Flatten()(x)
x =layers.Dense(num_classes)(x)
x = layers.Activation('softmax', name='softmax')(x)

model =k.models.Model(inpt,x)
return model
```

接着，调用以下函数就可以看见模型的结构了，代码如下。

```
model=MobileNet((416,416,3))
model.summary()
```

搭建的 MobileNet 结构如图 8-24 所示。

```
conv_dw_13_bn (BatchNormaliz (None, 13, 13, 1024)      4096

conv_dw_13_relu (ReLU)       (None, 13, 13, 1024)      0

conv_pw_13 (Conv2D)          (None, 13, 13, 1024)      1048576

conv_pw_13_bn (BatchNormaliz (None, 13, 13, 1024)      4096

conv_pw_13_relu (ReLU)       (None, 13, 13, 1024)      0

global_average_pooling2d (Gl (None, 1024)              0

flatten (Flatten)            (None, 1024)              0

dense (Dense)                (None, 1000)              1025000

softmax (Activation)         (None, 1000)              0
=================================================================
Total params: 3,984,584
Trainable params: 3,964,616
Non-trainable params: 19,968
```

图 8-24　搭建的 MobileNet 结构

8.4.3　网络模型替换

到目前为止，我们完成了图 8-16 的虚线框中的替代代码，接下来需要组装 YOLO 的主体。按照图 8-17 中的描述，需要获得主干网络中 3 个不同尺度的输出，并在特征金字塔中进行增强特征提取后输出 3 个尺度的预测输出。这也是不小的工作量，好在源码中已经封装好了这部分代码，直接拿来用即可。修改 model.py 中的 yolo_body 函数，代码如下。

```
def yolo_body(inputs, num_anchors, num_classes):
    mobilenet = MobileNet(input_tensor=inputs)
    # 获得 13×13 的输出
    f1 = mobilenet.get_layer('conv_pw_13_relu').output
    x, y1 = make_last_layers(f1, 512, num_anchors * (num_classes + 5))
    # 上采样
    x = compose(DarknetConv2D_BN_Leaky(256, (1, 1)),
            UpSampling2D(2))(x)
    #获得 26×26 的输出
    f2 = mobilenet.get_layer('conv_pw_11_relu').output
    # 特征融合
    x = Concatenate()([x, f2])
```

```
x, y2 = make_last_layers(x, 256, num_anchors * (num_classes + 5))
# 上采样
x = compose(DarknetConv2D_BN_Leaky(128, (1, 1)),
        UpSampling2D(2))(x)
#获得52×52的输出
f3 = mobilenet.get_layer('conv_pw_5_relu').output
# 特征融合
x = Concatenate()([x, f3])
x, y3 = make_last_layers(x, 128, num_anchors * (num_classes + 5))

return Model(inputs, [y1,y2,y3])
```

8.5 模型训练结果测试

当模型训练完成后，就可以使用它来预测数据了。首先进入 yolo.py 文件中，修改_defaults 配置中的 model_path、anchors_path、classes_path 为自己的路径，接着在最后写入如下代码，进行电表编码区域检测。

```
yolo=YOLO()
img=Image.open('00407.jpg')
img_obj=yolo.detect_image(img)
img_obj.show()
```

运行结果如图 8-25 所示，上方框选区域为用电量，下方框选区域为电表编号。

图 8-25   运行结果

本章小结

本章利用 YOLOv3 算法搭建了模型进行电表编码区域的检测。在数据处理方面，制作了 VOC 格式的数据集，并且对其进行切分；在网络模型方面，使用了默认的主干网络 DarkNet 进行训练，还将主干网络修改为 MobileNet，实现了模型的替换。并且，由于 MobileNet 参数量较少，还提升了训练速度以及预测速度。

第9章
FCN 实现斑马线分割

自 2012 年以来，CNN 在图像分类和图像检测等方面取得了巨大的成就并得到了广泛的应用。CNN 的强大之处在于它的多层结构能自动学习特征，并且可以学习到多个层次的特征：较浅的卷积层感知域较小，学习到一些局部区域的特征；较深的卷积层具有较大的感知域，能够学习到一些更加抽象的特征。这些抽象特征对物体的大小、位置和方向等敏感性更低，从而有助于识别性能的提高。

这些抽象的特征对分类很有帮助，有助于模型判断出一幅图像中包含什么类别的物体，但是因为丢失了一些物体的细节，不能很好地给出物体的具体轮廓，指出每个像素具体属于哪个物体，因此做到精确分割很有难度。

传统的基于 CNN 的分割方法的做法通常是：为了对一个像素进行分类，使用该像素周围的一个图像块作为 CNN 的输入，用于训练和预测。这种方法有几个缺点：一是存储开销很大，例如，对每个像素使用的图像块的大小为 15×15，则所需的存储空间为原来图像的 225 倍；二是计算效率低下，相邻的图像块基本上是重复的，针对每个图像块逐个计算卷积，这种计算也有很大程度上的重复；三是图像块大小限制了感知域的大小，通常图像块的大小比整幅图像小很多，只能提取一些局部的特征，从而导致分类的性能受到限制。

针对这个问题，美国加州大学的乔纳森·朗等人提出了全卷积网络（Fully Convolutional Network，FCN），用于图像的分割。该网络试图从抽象的特征中恢复出每个像素所属的类别，即从图像级别的分类进一步延伸到像素级别的分类。使用 FCN 的分割效果如图 9-1 所示。

图 9-1　使用 FCN 的分割效果

9.1　FCN 简介

通常 CNN 在卷积层之后会接上若干个全连接层，将卷积层产生的特征图（Feature Map）映射成一个固定长度的特征向量。以 AlexNet 为代表的经典 CNN 结构适用于图像级的分类和回归任务，因为它们最后都期望得到整幅输入图像的一个数值描述（概率），如 AlexNet 的 ImageNet 模型输出一个 1000 维的向量，表示输入图像属于每一类的概率。例如，将图 9-2 中的猫输入 AlexNet，得到一个 1000 维的输出向量，表示输入图像属于每一类的概率，其中在"tabby cat"这一类的统计概率最高。

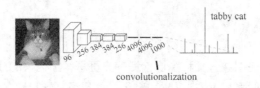

图 9-2　图像分类

FCN 对图像进行像素级的分类，解决了语义级别的图像分割问题。与经典的 CNN 在卷积层之后使用全连接层得到固定长度的特征向量进行分类（全连接层 + Softmax 输出）不同，FCN 可以接收任意尺寸的输入图像，首先采用反卷积层对最后一个卷积层的特征图进行上采样，使它恢复到与输入图像相同的尺寸，从而可以对每个像素都产生一个预测，同时保留原始输入图像中的空间信息，接着在上采样的特征图上进行逐像素分类，最后逐个像素计算 Softmax 分类的损失，相当于每一个像素对应一个训练样本。用于语义分割的 FCN 结构如图 9-3 所示。

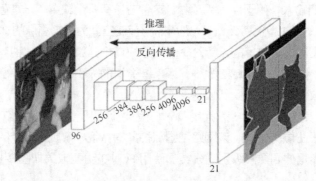

图 9-3　FCN 结构

由前面的经验可以发现，经过多次卷积和池化以后，得到的图像会越来越小，那么 FCN 是如何得到图像中每一个像素的类别的呢？为了将这个分辨率低的粗略图像恢复到原图的分辨率，FCN 使用了上采样。上采样分为 3 种方式，分别为线性插值、反卷积以及空洞卷积。FCN 中常用的方式为线性插值，在 Tensorflow.keras 中表示为 UpSampling2D。

UpSampling2D 官方说明文档如图 9-4 所示，UpSampling2D 只是简单地用复制插值对原张量进行修改，也就是平均池化的逆操作。

图 9-4　UpSampling2D 官方说明文档

可以使用如下代码来理解这个流程。

```python
from keras.layers import UpSampling2D
import numpy as np
import tensorflow as tf
x=np.array([1,2,3,4,5,6,7,8,9,10,11,12,13,14,15,16])
x=x.reshape(1,4,4,1)
print(x)
x=tf.convert_to_tensor(x)
y=UpSampling2D(size=(2,2))(x)
with tf.Session() as sess:
print(sess.run(y))
```

假设输入的 4×4 的矩阵为[[[[1][2][3][4]] [[5][6][7][8]] [[9][10][11][12]] [[13][14][15] [16]]]]，那么经过上采样层之后输出的矩阵如图 9-5 所示。

```
[[
[[   1 ][   1 ][   2 ][   2 ][   3 ][   3 ][   4 ][   4 ]]
[[   1 ][   1 ][   2 ][   2 ][   3 ][   3 ][   4 ][   4 ]]
[[   5 ][   5 ][   6 ][   6 ][   7 ][   7 ][   8 ][   8 ]]
[[   5 ][   5 ][   6 ][   6 ][   7 ][   7 ][   8 ][   8 ]]
[[   9 ][   9 ][ 1 0 ][ 1 0 ][ 1 1 ][ 1 1 ][ 1 2 ][ 1 2 ]]
[[   9 ][   9 ][ 1 0 ][ 1 0 ][ 1 1 ][ 1 1 ][ 1 2 ][ 1 2 ]]
[[ 1 3 ][ 1 3 ][ 1 4 ][ 1 4 ][ 1 5 ][ 1 5 ][ 1 6 ][ 1 6 ]]
[[ 1 3 ][ 1 3 ][ 1 4 ][ 1 4 ][ 1 5 ][ 1 5 ][ 1 6 ][ 1 6 ]]
]]
```

图 9-5　经过上采样层之后输出的矩阵

通过输出的矩阵，可以看见原先维度为(1,4,4,1)的数组被上采样成维度为(1,8,8,1)的数组。还可以发现，被扩充的行和列其实是通过复制原来的数据得到的，该过程可以简单地表示为图 9-6。

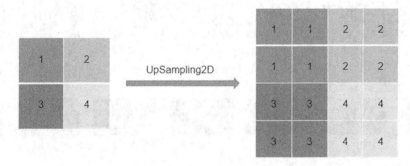

图 9-6　UpSampling2D 矩阵扩充

9.2　数据集介绍及处理

介绍完上采样，再来介绍数据格式。前面说到 FCN 的输入就是一张图片，而输出是图片每个像素对应的标签。这里以斑马线分割数据集为例，数据集分为 jpg 和 png 格式的图片，jpg 格式的图片就是数据，而 png 格式的图片则是标签，数据集如图 9-7 所示。

jpg	2019/11/7 20:34	文件夹		
png	2019/11/7 20:34	文件夹		
train.txt	2019/11/7 17:35	文本文档	3 KB	

图 9-7　斑马线分割数据集

train.txt 文件内容如图 9-8 所示，图片和标签一一对应。

```
1.jpg;1.png
10.jpg;10.png
100.jpg;100.png
101.jpg;101.png
102.jpg;102.png
103.jpg;103.png
104.jpg;104.png
105.jpg;105.png
106.jpg;106.png
107.jpg;107.png
108.jpg;108.png
109.jpg;109.png
```

图 9-8　train.txt 文件内容

接着查看文件夹里面的内容，jpg 文件夹里面存放的是不同角度的斑马线图片（数据图片），如图 9-9 所示；而 png 文件夹存放的是看似黑色的图片（标签图片），如图 9-10 所示。

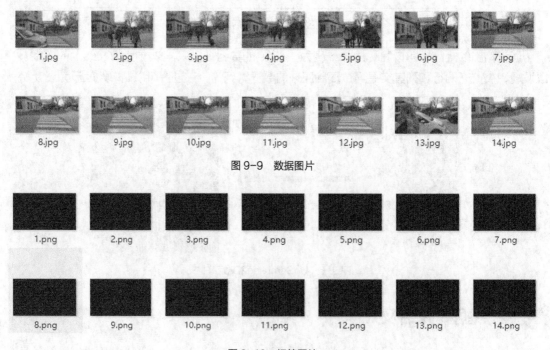

图 9-9　数据图片

图 9-10　标签图片

虽然标签图片看起来是黑色的，但是它们并不是完全黑的，只不过因为像素值比较小，所以看起来是黑色的。可以通过下面的代码将其像素值放大，结果如图 9-11 所示。

```
import cv2
path=r'E:\DataSets\zebra_crossing\png\1.png'
img=cv2.imread(path)
cv2.namedWindow('label',cv2.WINDOW_NORMAL)
cv2.imshow('label',img*120.)
cv2.waitKey(0)
```

图 9-11　将像素值放大

为了方便对比，还可以将这个标签图片和原图叠加起来，代码如下，可以看到图 9-12 所示的叠加效果。

```
import cv2
path=r'E:\DataSets\zebra_crossing\png\1.png'
path2=r'E:\DataSets\zebra_crossing\jpg\1.jpg'
img1=cv2.imread(path)
img2=cv2.imread(path2)
print(img1.shape)
dst = cv2.addWeighted(img2, 1, img1*100, 0.8, 0)

cv2.namedWindow('label',cv2.WINDOW_NORMAL)
cv2.imshow('label',img1*100)
cv2.waitKey(0)
```

图 9-12　标签图片和原图叠加效果

这时候读者应该可以看见数据和标签的对应关系，其实标签图片中存放的是原图中每个像素对应的标签。标签图片的数据简单表示为图 9-13，其中 0 是背景，而 1 则是斑马线。所以以现在的数据集来说，实验本质上是对图片上每个像素的二分类。

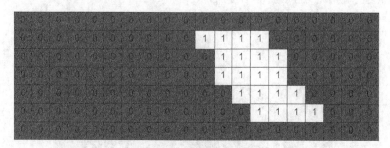

图 9-13　标签图片的数据

明白了基本的概念之后，就可以动手进行实验了。首先是数据集处理，先新建一个 load_data.py 文件，在其中导入依赖库，代码如下。

```python
import os
import numpy as np
import random
from PIL import Image
from matplotlib.colors import rgb_to_hsv, hsv_to_rgb
import glob
```

接着，创建一个 load_data 函数，该函数的功能是将输入的根路径进行处理，得到原图和标签对应的路径列表，并对其进行打乱和分割，最后返回训练数据和测试数据，代码如下。

```python
# 加载数据
def load_data(path,split=0.9):
    data_name='jpg'
    label_name='png'
    txt=path+r'\train.txt'

    # 打开标签文件获取数据
    with open(txt) as f:
        res=f.readlines()
    data_path=[]
    label_path=[]
    # 组合图片数据与标签数据的路径
    for name in res:
        jpg_,png_=name.strip().split(';')[0],name.strip().split(';')[1]
        jpg_path=path+'\%s\%s'%(data_name,jpg_)
        png_path=path+'\%s\%s'%(label_name,png_)
        data_path.append(jpg_path)
        label_path.append(png_path)
    # 打乱数据
    random_int=random.randint(1,10000)
    random.seed(random_int)
    random.shuffle(data_path)
    random.seed(random_int)
```

```
random.shuffle(label_path)
# 分割数据
train_num=int(len(data_path)*split)
x_train=data_path[:train_num]
y_train=label_path[:train_num]
x_test=data_path[train_num:]
y_test=label_path[train_num:]

return x_train,y_train,x_test,y_test
```

接着创建 get_random_data 函数，该函数主要是将输入的原图和标签路径进行加载和统一大小，然后将标签的每个像素处理成独热编码（one-hot）的格式，代码如下。

```
def get_random_data(x,y,size,num_class):
    data=Image.open(x)
    label=Image.open(y)
    h,w=size,size
    # 统一缩放
    image_data=data.resize((h,w),Image.BICUBIC)
    label=label.resize((h,w))
    image_data=np.array(image_data)/255.
    # print(label)
    label=np.array(label)
    image_label = np.zeros((size, size, num_class))
    y = label[..., 1]
    # 将标签转换成 one-hot 格式
    for i in range(image_label.shape[0]):
        for j in range(image_label.shape[1]):
            index = int(y[i][j])
    # 将对应标签的位置的值变为 1，如第一个像素标签为 0，则转换为[[1.,0.],...]]
    # 第二个像素标签为 1，则转换为[[1.,0.],[0.,1.],...]]
            image_label[i, j, index] = 1.
    return image_data,image_label
```

然后编写 gan_data 函数，该函数的功能是数据生成，可以在训练的时候一边训练一边载入数据，缓解内存不足的问题，代码如下。

```
def gan_data(x_data,y_data,size,num_class,batch_szie):
    while True:
        data=[]
        label=[]
        for index ,image_path in enumerate(x_data):
            data_,label_=get_random_data(image_path,
                          y_data[index],size,num_class,random_=True)
            data.append(data_)
            label.append(label_)
            if len(data)==batch_szie:
                data=np.array(data).reshape(-1,size,size,3)
                label=np.array(label).reshape(-1,size,size,num_class)
                yield data,label
                data=[]
                label=[]
```

9.3 主干网络搭建与训练

接下来进行主干网络的搭建。FCN 的搭建比较简单,其网络结构如图 9-14 所示。可以看见经过几层的卷积和池化之后,直接通过一个大尺寸的 UpSampling2D 来进行上采样,并且最后使用一个 1×1 的卷积将通道数转换为和类别数相同,再使用 Softmax 激活,获得最后的分类结构。

```
--------------------------------------------------------
input_1 (InputLayer)           [(None, 224, 224, 3)]    0

conv2d (Conv2D)                (None, 112, 112, 96)     2688

batch_normalization (BatchNo   (None, 112, 112, 96)     384

max_pooling2d (MaxPooling2D)   (None, 56, 56, 96)       0

conv2d_1 (Conv2D)              (None, 56, 56, 256)      221440

batch_normalization_1 (Batch   (None, 56, 56, 256)      1024

max_pooling2d_1 (MaxPooling2   (None, 28, 28, 256)      0

conv2d_2 (Conv2D)              (None, 28, 28, 384)      885120

conv2d_3 (Conv2D)              (None, 28, 28, 384)      1327488

conv2d_4 (Conv2D)              (None, 28, 28, 256)      884992

max_pooling2d_2 (MaxPooling2   (None, 14, 14, 256)      0

up_sampling2d (UpSampling2D)   (None, 224, 224, 256)    0

conv2d_5 (Conv2D)              (None, 224, 224, 2)      4610
========================================================
```

图 9-14　FCN 结构

实现的代码如下。

```python
from  Experiment.FCN.load_data import gan_data,load_data
from tensorflow.keras.layers import *
import tensorflow.keras as k
from tensorflow.keras import callbacks
def create_model1(inpt):
    input = k.Input(inpt)
    x=Conv2D(96,(3,3),2,padding='same',activation='relu')(input)
    x=BatchNormalization()(x)
    x=MaxPool2D()(x)

    x=Conv2D(256,(3,3),1,padding='same',activation='relu')(x)
    x=BatchNormalization()(x)
    x=MaxPool2D()(x)

    x = Conv2D(384, (3, 3), 1, padding='same', activation='relu')(x)
    x = Conv2D(384, (3, 3), 1, padding='same', activation='relu')(x)
```

```
    x = Conv2D(256, (3, 3), 1, padding='same', activation='relu')(x)
    x=MaxPool2D()(x)

    x=UpSampling2D((16,16))(x)
    x=Conv2D(2,(1,1),padding='same',activation='softmax')(x)
    return k.models.Model(input,x)
```

然后就可以编译模型进行训练了，这里还使用了 3 个回调函数来控制训练过程，训练代码如下。

```
path=r'E:\DataSets\zebra_crossing'
batch_size=2
size=224
class_num=2

model=create_model((size,size,3))
model.summary()
model = k.models.load_model('fcn_scse.h5')
k.utils.plot_model(model,show_shapes=True,to_file='fcn.png')
x_train,y_train,x_test,y_test=load_data(path)
# print(x_train.shape,y_train.shape)
model.compile(optimizer=k.optimizers.Adam(lr=1e-5),
            loss='categorical_crossentropy',
            metrics=['acc'])

save=callbacks.ModelCheckpoint('logs/fcn_scse_ep{epoch:03d}-val_loss{val_loss:.3f}.h5',
                            monitor='val_loss',
                            save_best_only=True,
                            period=1)
low_lr=callbacks.ReduceLROnPlateau(monitor='val_loss',
                            factor=0.2,
                            patience=5,
                            min_lr=1e-6,
                            verbose=1)
early_stop=callbacks.EarlyStopping(monitor='val_loss',
                            patience=15,
                            verbose=1,
                            mode='auto')


model.fit_generator(gan_data(x_train,
                        y_train,
                        size,class_num,
                        batch_size),
                steps_per_epoch=len(x_train)//batch_size,
                validation_data=gan_data(x_test,
                                    y_test,size,
                                    class_num,
                                    batch_size),
                validation_steps=len(x_test)//batch_size,
                epochs=20,
                callbacks=[save,low_lr,early_stop])
model.save('fcn.h5')
```

9.4 模型训练结果测试

本实验仅使用 20 个周期进行训练。训练结束后，编写测试函数观察模型的分割结果，代码如下。FCN 程序运行结果如图 9-15 所示。

```python
import tensorflow as tf
import numpy as np
from PIL import Image
# 不同类别对应的颜色
corlor=np.array([[(0,0,0),(0,255,0)])
# 加载模型
model = tf.keras.models.load_model(r'\FCN\logs\fcn_scse_ep005-val_loss0.040.h5')


for i in range(1,100):
    path=r'E:\DataSets\zebra_crossing\jpg\%s.jpg'%i
    img=Image.open(path)
    img=img.resize([224,224])
    image=np.array(img).reshape(-1,224,224,3)/255.
    # 测试模型
    p=model.predict(image)
    p=np.array(p).reshape(224,224,2)
    label=np.argmax(p,axis=-1)
    # 将模型结果与颜色对应
    color_image = np.array(corlor)[label.ravel()]\
        .reshape(224, 224, 3).astype('uint8')
    # 将原图与分割图进行叠加
    label=Image.fromarray(color_image)
    img1=Image.blend(img,label,0.2)
    img1.show()
```

图 9-15　FCN 程序运行结果

由图 9-15 可以发现，图中斑马线的位置已被识别出来，但是识别的精度不高，而且有比较明显的锯齿感。这是由于在上采样中，使用了一个较大的尺寸，导致一个较大矩形内的数据是一致的。并且，池化后的最小尺寸为 14×14，而直接上采样到的尺寸为 224×224，根据前文中的模型结构，可以理解为：使用一个 14×14 的网格对整个图片进行分割，并判断分割后的矩形区域是否存在斑马线，如图 9-16 所示。

图 9-16　使用网格分割图片

这很明显不是理想的结果，需要更精确的分割，所以需要缩小上采样的尺寸。当然，仅仅缩小尺寸是不够的，还需要将前面未进行缩小的图片的特征加入（concatenate）进来，提高模型的学习能力。基于此，图 9-17 所示的网络结构被提出，有兴趣的读者可以自己搭建网络，训练并查看训练结果。

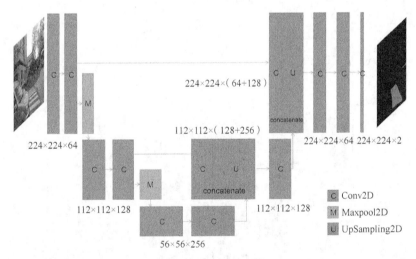

图 9-17　新的网络结构

本章小结

本章对 FCN 中的上采样操作进行了简单介绍，复现了 FCN，并使用 FCN 实现了斑马线分割。另外，还对 FCN 分割斑马线效果不佳的原因进行了分析，并提出了修改方法。

第 10 章
基于 U-Net 的工业缺陷检测

缺陷检测被广泛应用于布匹瑕疵检测、工件表面质量检测等领域。传统的算法对规则缺陷以及在场景比较简单的场合中，能够很好地工作，但是对于特征不明显的、形状多样的缺陷以及在场景比较混乱的场合中，则不再适用。近年来，基于深度学习的识别算法越来越成熟，许多公司开始尝试把深度学习算法应用到工业场合中。

10.1 U-Net 简介

FCN 开创了深度学习在图像分割领域应用的先河，其变种 U-Net 作为图像分割网络的一种，在医学领域以及工业领域应用十分广泛。首先要理解一个概念：U-Net 不是一个特定的网络，它只是一个网络结构的代号而已。其网络结构如图 10-1 所示。

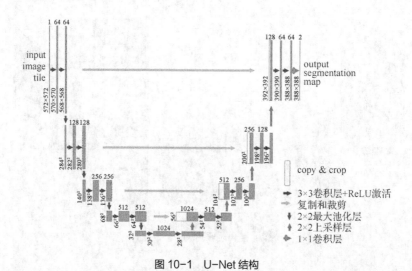

图 10-1　U-Net 结构

虽然 U-Net 是 FCN 的变种，但是它们在结构上还是有着诸多不同。U-Net 结构的形状呈 U 字，整体结构是先编码（下采样，左侧网络），再解码（上采样，右侧网络），接着回归到跟原始图像一样大小的像素的分类。U-Net 结构的左半部分是特征提取部分，U-Net 经过 4 次下采样进行特征提取，并且它和 FCN 一样除去了全连接层，在特征提取的最后一层直接进行上采样，并与前面相同尺度的特征进行融合，这就是 U-Net 中上采样的部分。

需要注意的是，下采样是通过 2×2 的最大池化层来进行的，下采样之间是两个卷积层，这里的卷积使用无填充模式，所以在卷积过程中图像的大小是会减小的。这会造成一个问题，即在进行特征融合的时候图像大小不一致，所以在图 10-1 中有一个 copy & crop 操作（剪裁操作），crop 就是为了将大小进行裁剪的操作。但若在卷积的时候使用的是填充模式，就无须进行 crop 操作。

U-Net 推出的时候主要针对医学图像的分割，那么是什么原因让 U-Net 适用于医学图像的分割呢？

- 医学图像有一个特点就是数据集比较小，很多比赛只提供不到 100 例数据，所以设计的模型不宜过大及参数过多，否则很容易导致过拟合。原始 U-Net 的参数量在 28MB 左右（上采样带转置卷积的 U-Net 参数量在 31MB 左右），而如果把通道（Channel）数按比例缩小，模型可以更小。缩小一半后，U-Net 参数量在 7.75MB 左右。缩小为 $\frac{1}{4}$，则可以把模型参数量缩小至 2MB 以内，模型非常轻量。
- 医学图像的语义较为简单、结构较为固定。拍脑片的，就用脑计算机断层扫描（Computed Tomography，CT）和脑磁共振成像（Magnetic Resonance Imaging，MRI），拍胸片的只用胸部 CT，做眼底的只用眼底光学相干断层成像（Optical Coherence Tomography，OCT），都是固定的器官的成像，而不是全身的。由于器官本身结构固定，语义信息没有特别丰富，因此高级语义信息和低级特征都显得很重要（U-Net 的跳跃连接和 U 形结构就派上了用场）。

正是由于上面两个原因，在对医学图像进行分割的网络中，很大一部分会采取 U-Net 作为网络的主干。工业上的图像语义也较为简单，结构固定，不过工业上的数据集足够多，可以更好地拟合实际情况。

10.2 数据集介绍及处理

本章数据集使用的是 Kaggle 上的数据，经解压后共有 10 个类别，如图 10-2 所示，分别对应不同的花纹缺陷，如磨损、白点、多线等。并且，每个类别里面有 Train、Test 两个文件夹，分别存放着图片数据和标签数据，但并不是每张图片都有对应的标签，数据详情如图 10-3 所示。

名称	修改日期	类型	大小
Class1	2020/7/28 10:48	文件夹	
Class2	2020/7/28 10:49	文件夹	
Class3	2020/7/28 10:49	文件夹	
Class4	2020/7/28 10:50	文件夹	
Class5	2020/7/28 10:50	文件夹	
Class6	2020/7/28 10:50	文件夹	
Class7	2020/7/28 10:51	文件夹	
Class8	2020/7/28 10:51	文件夹	
Class9	2020/7/28 10:51	文件夹	
Class10	2020/7/28 10:49	文件夹	

图 10-2　数据类别

这样的数据处理起来比较复杂，本章中使用的方式是将它们的路径一一读取出来，然后进行随机打乱，按比例划分，最后把它们写入 TXT 文件中，后续只需要读取这个文件中的路径即可。具体步骤如下。

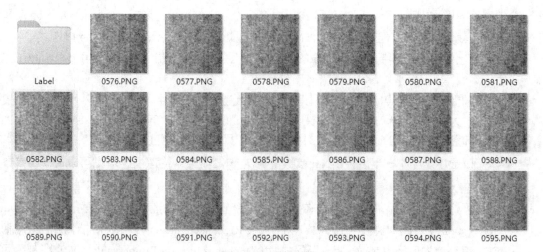

图 10-3　数据详情

首先，新建一个 writeline.py 文件，写入如下代码。

```python
import os
import glob
import random


# 读取有标签数据的图片
def write_lines(split=0.9):
    lines=[]
    for i in range(1,11):
        label_dir=r'\DAGM_KaggleUpload\Class%s\Train\Label'%i
        # label_paths=[os.path.join(label_dir,p) for p in os.listdir(label_dir)]
        # 读取扩展名为 PNG 的图片
        label_paths=glob.glob(label_dir+'\*.PNG')
        # print(path)
        for label_path in label_paths:
            name=label_path.split('\\')[-1].split('_')[0]
            img_path='\\'.join(label_dir.split('\\')[:-1])
            img_path=img_path+'\%s.PNG'%name
            lines.append('%s %s\n'%(img_path,label_path))
    # 随机打乱
    random.shuffle(lines)
    train_len=int(len(lines)*split)
    train_lines=lines[:train_len]
    test_lines=lines[train_len:]
    # 写入文件
    with open('train.txt','w',encoding='utf8') as f:
        f.writelines(train_lines)
    with open('test.txt','w',encoding='utf8') as f:
        f.writelines(test_lines)


if __name__ == '__main__':
    write_lines()
```

运行程序，可以发现在当前目录中多出了两个 TXT 文件，分别是 test.txt、train.txt。里面存放的数据结构为 "数据图片路径+空格+标签图片路径"，如图 10-4 所示。

```
E:\DataSets\236114_502246_bundle_archive\DAGM_KaggleUpload\Class10\Train\1884.PNG E:\DataSets\236114_502246_bundle_archive\DAGM_KaggleUpload\Class10\Train\Label\1884
E:\DataSets\236114_502246_bundle_archive\DAGM_KaggleUpload\Class1\Train\1129.PNG E:\DataSets\236114_502246_bundle_archive\DAGM_KaggleUpload\Class1\Train\Label\1129_
E:\DataSets\236114_502246_bundle_archive\DAGM_KaggleUpload\Class2\Train\0576.PNG E:\DataSets\236114_502246_bundle_archive\DAGM_KaggleUpload\Class2\Train\Label\0576_
E:\DataSets\236114_502246_bundle_archive\DAGM_KaggleUpload\Class10\Train\1612.PNG E:\DataSets\236114_502246_bundle_archive\DAGM_KaggleUpload\Class10\Train\Label\1612
E:\DataSets\236114_502246_bundle_archive\DAGM_KaggleUpload\Class9\Train\1260.PNG E:\DataSets\236114_502246_bundle_archive\DAGM_KaggleUpload\Class9\Train\Label\1260_
E:\DataSets\236114_502246_bundle_archive\DAGM_KaggleUpload\Class7\Train\2119.PNG E:\DataSets\236114_502246_bundle_archive\DAGM_KaggleUpload\Class7\Train\Label\2119_
```

图 10-4　存放的数据

读取数据的时候只需要读取这两个 TXT 文件中的数据即可。新建一个 load_data.py 文件，定义一个 readline 函数用来读取路径，代码如下。

```python
import numpy as np
from PIL import Image
# 读取 TXT 文件中的数据
def readline(path):
    with open(path,'r',encoding='utf8') as f:
        lines=f.readlines()
    img_lists=[]
    label_list=[]
    for line in lines:
        line=line.strip('\n')
        data,label=line.split(' ')
        img_lists.append(data)
        label_list.append(label)
    return img_lists,label_list
```

接着，定义一个数据处理函数 get_data 用来加载图片，并对标签进行处理，代码如下。

```python
    # 数据处理
def get_data(x,y,size):
    # 加载图片
    data=cv2.imread(x)
    label = Image.open(y)
    h, w = size, size

    # 缩放图片
    label = label.resize((h, w))
    image_data=cv2.resize(data,(size,size))/255.

    label = np.array(label)
    label[label>0]=1.

    return image_data, label
```

再组装一个生成器函数 gen_data，代码如下。

```python
def gen_data(x_data,y_data,batch_size,size=224):
    while True:
        data=[]
        label=[]
        for index ,image_path in enumerate(x_data):
            data_,label_=get_data(image_path,y_data[index],size)
```

```
            data.append(data_)
            label.append(label_)
            if len(data)==batch_size:
                data=np.array(data).reshape(-1,size,size,3)
                label=np.array(label).reshape(-1,size,size,1)
                # print(label.shape,data.shape)
                yield data,label
                data=[]
                label=[]
```

最后，为了确认数据与标签是否一一匹配，还可以在 main 函数中写入如下代码。

```
if __name__ == '__main__':
    color = np.array([(0, 0, 0), (0, 255, 0)])
    x_train, y_train = readline('train.txt')
    gan = gen_data(x_train, y_train,1)

    for i in range(100):
        data, label = next(gan)

        data = np.array(data * 255., dtype='uint8').reshape(224, 224, 3)
        image = Image.fromarray(data)

        label = label.reshape(224, 224).astype('int32')
        color_image = np.array(corlor)[label.ravel()] \
            .reshape(224, 224, 3).astype('uint8')
        label = Image.fromarray(color_image)

        img=cv2.addWeighted(data,1,color_image,0.5,0)
        cv2.imshow('s',img)
        cv2.waitKey(0)
```

运行结果如图 10-5 所示。可以发现，这些数据的标注都比较粗糙，并没有过多地追求细节，而是用一个椭圆框住了缺陷内容，但这不影响后续的训练。

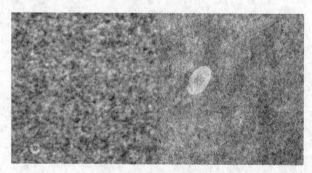

图 10-5　数据与标签匹配

10.3　主干网络搭建与训练

接着，新建一个 model.py 文件，写入如下代码，建立一个 U-Net 模型结构。

```python
import tensorflow.keras as k
from tensorflow.keras.layers import *

def u_net(inpt):
    # 基础卷积结构: Conv+BN+ReLU
    def conv(x,filters,kernel=3,strides=1,padding='same'):
        x=Conv2D(filters,kernel_size=kernel,strides=strides,padding=padding)(x)
        x=BatchNormalization()(x)
        x=Activation('relu')(x)
        return x

    inpt=k.Input(inpt)
    x=conv(inpt,64)
    x=conv(x,64)
    x1=x  # 第一层特征向量

    x=MaxPool2D()(x)  # 128
    x=conv(x,128)
    x=conv(x,128)
    x2=x  # 第二层特征向量

    x=MaxPool2D()(x)  # 64
    x=conv(x,256)
    x=conv(x,256)
    x3=x  # 第三层特征向量

    x=MaxPool2D()(x)  # 32
    x=conv(x,512)
    x=conv(x,512)
    x4=x  # 第四层特征向量

    x=MaxPool2D()(x)  # 16
    x=conv(x,1024)
    x=conv(x,1024)

    # 上采样，并与第四层特征向量融合
    x=UpSampling2D()(x)  # 32
    x=concatenate([x,x4])
    x=conv(x,512)
    x=conv(x,512)

    # 与第三层特征向量融合
    x=UpSampling2D()(x)  # 64
    x=concatenate([x,x3])
    x=conv(x,256)
    x=conv(x,256)

    # 与第二层特征向量融合
    x=UpSampling2D()(x)  # 128
    x=concatenate([x,x2])
```

```
x=conv(x,128)
x=conv(x,128)

# 与第一层特征向量融合
x=UpSampling2D()(x)
x=concatenate([x,x1])
x=conv(x,64)
x=conv(x,64)

# 通道缩减成类别个数，这里是二分类，并且使用 Sigmoid 进行分类
x=Conv2D(1,kernel_size=(1,1),strides=1,padding='same')(x)
x = Activation('sigmoid')(x)
model = k.models.Model(inpt, x)
model.summary()
return model
```

然后，在 main 函数中定义参数、加载数据以及模型就可以进行训练了，代码如下。

```
if __name__ == '__main__':
    from load_data import readline,gen_data
    batch_size=2
    x_train, y_train = readline('train.txt')
    model = u_net((224,224,3))
    model.compile(optimizer=k.optimizers.Adam(lr=3e-4),
            loss=k.losses.binary_crossentropy,
            metrics=['acc'])
    model.fit(gen_data(x_train,y_train,batch_size=batch_size),
        steps_per_epoch=len(x_train)//batch_size,
        epochs=20)
    model.save('unet.h5')
```

10.4 模型训练结果测试

训练完成之后，可以使用如下代码进行测试。

```
import tensorflow as tf
import numpy as np
from FCN.Mobile_UNet.load_data import readline,gen_data
import cv2
# 不同类别对应的颜色
corlor=np.array([(0,0,0),(0,255,0)])
# 加载模型
model = tf.keras.models.load_model(r'mb_unet.h5')
x_tests,_=readline('test.txt')
for image_path in x_tests:
    # 数据处理
    img=cv2.imread(image_path)
    img=cv2.resize(img,(224,224))
    image=img.copy()
    img=img.reshape(-1,224,224,3)/255.
    p=model.predict(img)
```

```
# 将预测的数据进行分类
p[p>0.5]=1
p[p<0.5]=0

p=p.reshape(224,224).astype('uint8')
color_image = np.array(corlor)[p.ravel()] \
              .reshape(224, 224, 3).astype('uint8')
img = cv2.addWeighted(image, 1, color_image, 0.5, 0)
cv2.imshow('s',img)
cv2.waitKey(0)
```

测试程序运行结果如图 10-6 所示。

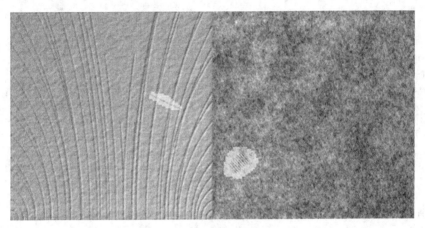

图 10-6 测试程序运行结果

多试几次会发现，进行中会出现一些效果较差的情况，如图 10-7 所示，有分割少了或者分割错了的情况出现。

图 10-7 效果较差的情况

出现图 10-7 的情况，是因为图片数据仅有 941 张，而训练类别却有 10 个，平均下来每个类别的图片不到 95 张，数据相对来说是缺乏的。因此需要增加数据量，但是这种需要人工标注的数据集想要扩充还是比较困难的，所以只能通过代码来进行数据增强。

数据增强的方式有很多种，在本书的第 5 章已经有比较详细的介绍。这里引入随机数，对图片进行随机缩放、翻转和颜色空间变换这 3 种数据增强。将 get_data 函数修改为 get_random_data 函数，并写入如下代码。

```python
# 获得 a~b 的随机数
def rand(a=0, b=1):
    return np.random.rand()*(b-a) + a

def get_random_data(x, y, size, jitter=.3, hue=.1, sat=1.5, val=1.5):
    data = Image.open(x)
    label = Image.open(y)
    h, w = size, size

    # 对图片进行随机缩放
    new_ar = w / h * rand(1 - jitter, 1 + jitter) / rand(1 - jitter,1 + jitter)
    scale = rand(.25, 2)
    if new_ar < 1:
        nh = int(scale * h)
        nw = int(nh * new_ar)
    else:
        nw = int(scale * w)
        nh = int(nw / new_ar)
    data = data.resize((nw, nh), Image.BICUBIC)
    label = label.resize((nw, nh))

    # 随机坐标
    dx = int(rand(0, w - nw))
    dy = int(rand(0, h - nh))

    # 创建一张新的图片，并把缩放后的图片放到新图片的随机坐标中
    new_data = Image.new('RGB', (w, h), (128, 128, 128))
    new_label = Image.new('RGB', (w, h), (0, 0, 0))
    new_data.paste(data, (dx, dy))
    new_label.paste(label, (dx, dy))
    data = new_data
    label = new_label

    # 图片翻转
    flip = rand() < .5
    if flip:
        data.transpose(Image.FLIP_LEFT_RIGHT)
        label.transpose(Image.FLIP_LEFT_RIGHT)
    # HSV 颜色空间变换
    hue = rand(-hue, hue)
    sat = rand(1, sat) if rand() < .5 else 1 / rand(1, sat)
    val = rand(1, val) if rand() < .5 else 1 / rand(1, val)
    x = rgb_to_hsv(np.array(data) / 255.)
    x[..., 0] += hue
    x[..., 0][x[..., 0] > 1] -= 1
    x[..., 0][x[..., 0] < 0] += 1
```

```
x[..., 1] *= sat
x[..., 2] *= val
x[x > 1] = 1
x[x < 0] = 0
image_data = hsv_to_rgb(x)

# 将标签格式转化为 one-hot
label = np.array(label, dtype='uint8')
# 将多通道转化成单通道
y = label[..., 1]

y[y>1]=1.
y[y<1]=0.

return image_data, y
```

记得在生成器中修改对应的代码，如下。

```
data_,label_=get_random_data(image_path,y_data[index],size)
```

然后，在不修改其他代码的情况下重新开始训练，训练后的测试结果如图 10-8 所示，可以看到分割错误的情况得到了较好的改善。

图 10-8　经过数据增强后的测试结果

本章小结

本章对 U-Net 与 FCN 的网络结构进行了详细解析，复现了 U-Net，最后使用 U-Net 进行缺陷检测。在 U-Net 分割图像效果较差时，分析出现这种情况的原因是训练数据不足，使用数据增强对数据进行扩充，重新训练后效果较之前好了许多。

U-Net 不仅是一个优秀的图像分割网络，将它与其他网络如 ResNet、DenseNet 等相结合，还可以将其应用到大部分图像生成的场景中，甚至在语音去噪等方面也有出乎意料的效果。总之，读者可以发挥想象力与创造力，将 U-Net 应用到不同的场景中。

第11章
GAN 图像生成

随着生成对抗网络（Generative Adversarial Network，GAN）在理论与模型上的高速发展，它在计算机视觉、自然语言处理等领域有着越来越深入的应用，并不断向其他领域延伸。其中，GAN 在图像生成上取得了巨大的成功，这得益于 GAN 在博弈下不断提高建模能力，最终生成以假乱真的图像。

本章将使用基础的 DCGAN 来生成手写数字图片。

11.1 GAN 简介

伊恩·古德费洛（Ian Goodfellow）在 2014 年提出了 GAN，它由一个生成器和一个判别器构成。"对抗"一词，意味着存在对抗的双方：生成器与判别器，二者进行博弈。下面给出一个例子以直观地理解 GAN 的训练过程。

以新手画家与新手鉴赏家为例（如图 11-1 所示），画家作画都需要灵感，依照灵感来完成作品，但有了灵感不一定有用。由于作画技术限制，画家画出来的作品有可能不被认可。

聪明的新手画家找到了正在学习鉴赏的好朋友——新手鉴赏家。新手鉴赏家接收新手画家依照随机灵感完成的画作，但是新手鉴赏家并不知道该画作是新手画家画的还是著名画家画的，他会说出他的判断，然后通过画作对应的实际标签来纠正判断。由于新手画家和新手鉴赏家是好朋友，因此他们会经常分享学习到的东西。新手鉴赏家一边学习判断一边告诉新手画家要怎样画才能够画得更像著名画家的画作。新手画家就在日复一日的学习中，能够画出更像著名画家的画作了。

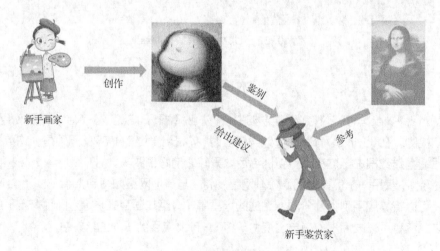

图 11-1　新手画家与新手鉴赏家

生成器和判别器的相同点是这两个模型都可以看成"黑匣子"，它们都接收输入然后产生输出。二者的不同点如下。

- 生成器：可比作样本生成器，输入一个样本，然后把它包装成一个逼真的样本，也就是输出。
- 判别器：可比作二分类器（如同 0-1 分类器），用来判断输入的样本是真是假（就是输出值大于 0.5 还是小于 0.5）。

图 11-2 很好地体现了生成器和判别器的关系：生成器输入一个噪声，然后生成一张图片，而判别器用来判断该图片是生成器生成的图片还是真实图片。

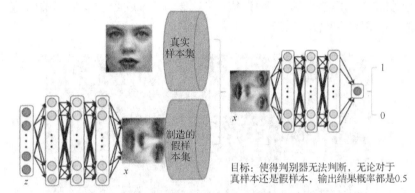

图 11-2　生成器和判别器的关系

在正式编写代码之前，还需要明确使用 GAN 时的以下两个问题。

- 有什么？如图 11-2 所示，有的只是真实采集到的人脸样本集，仅此而已，而且关键的一点是没有人脸样本集的类别标签，也就是不知道人脸对应的是谁。
- 要得到什么结果？不同的任务要得到的结果不同，这里只说最原始的 GAN 的目标，那就是通过输入的一个噪声（一串随机数）模拟得到一幅图像，这幅图像可以非常逼真，以至于以假乱真。

接下来理解 GAN 的两个模型要做什么。首先，判别器模型，就是图 11-2 中右半部分的网络，直观来看就是一个简单的神经网络模型，输入是一幅图像，输出是一个概率，用于判断真假（概率大于等于 0.5 就是真，小于 0.5 就是假）。

其次，是生成器模型。生成器模型也可以看成一个神经网络模型，输入是一组随机数 Z，输出是一幅图像，不再是一个数值。从图 11-2 中可以看到，存在两个数据集，一个是真实的数据集，另一个是假的数据集，这个假的数据集就是由生成器模型生成的数据集。

根据图 11-2，再来理解一下 GAN 的目标。

- 判别网络：判别输入的样本是真的还是假的。如果输入的是真样本，网络输出就接近 1；如果输入的是假样本，网络输出则接近 0。
- 生成网络：生成一个足够真实的假样本，让判别网络无法判断它是真的样本还是生成网络生成的假样本。

再来看看为什么叫作对抗网络。判别网络可以分辨一个样本是来自真样本集还是假样本集。生成网络生成一个假样本，把它包装得非常逼真，以至于判别网络无法判断真假。那么用输出数值来解释就是，生成网络生成的假样本进入判别网络以后，判别网络给出的结果是一个接近 0.5 的值，极限情况就是 0.5，也就是说无法判别出来，这就是纳什均衡。

由此可以发现，生成网络与判别网络的目的正好是相反的，所以叫作对抗，叫作博弈。设计者的目的是要得到以假乱真的样本，使判别网络的能力不足以区分真假样本。

11.2 数据集介绍及处理

MNIST 是杨立昆等人在 1994 年创建的手写数字图片数据集，是研究者研究机器学习、模式识别等的高质量数据集。它包含训练集和测试集，训练集包含 60000 个样本，测试集包含 10000 个样本。MNIST 的部分图片如图 11-3 所示。

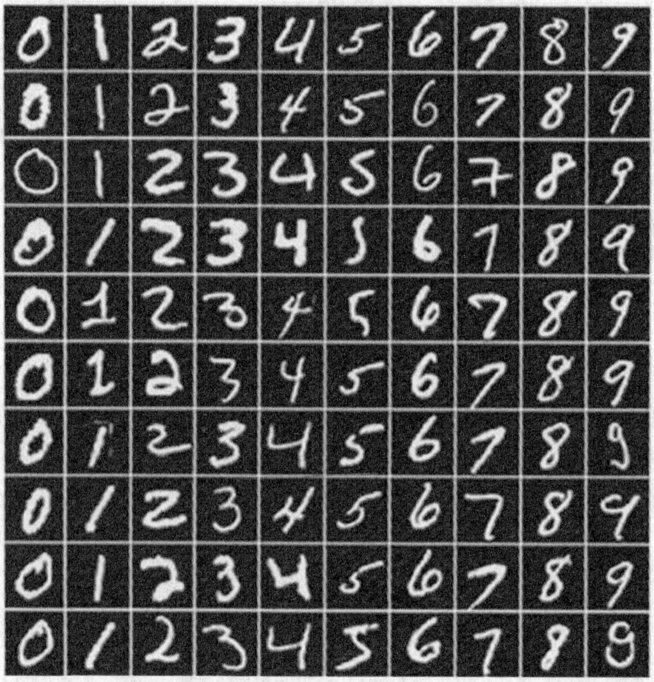

图 11-3　MNIST 的部分图片

本章使用 MNIST 数据集作为数据，其处理较为简单，主要是将数据图片的分布空间压缩到 (-1,1)，代码如下。

```
(x_train,_),(_,_)=k.datasets.mnist.load_data()
# 将数据压缩至(-1,1)
x_train=x_train/127.5-1.
x_train=np.array(x_train).reshape(-1,28,28,1)
```

11.3 主干网络搭建与训练

从前面的介绍可知，GAN 是由对抗的双方组成的，分别是判别器与生成器。下面将复现 GAN 中的深度卷积 GAN（Deep Convolutional GAN，DCGAN）。首先，搭建判别网络，搭建判别网络和搭建本书中的图片分类网络类似，代码如下。

```python
# 搭建判别网络
def dis(inpt):
    x=Conv2D(32,kernel_size=3,strides=2,
     input_shape=(28,28,1),padding='same')(inpt)
    x=LeakyReLU(0.2)(x)
    x=BatchNormalization(momentum=0.8)(x)

    x=Conv2D(64,kernel_size=3,strides=2,padding='same')(x)
    x=LeakyReLU(0.2)(x)
    x=BatchNormalization(momentum=0.8)(x)

    x=ZeroPadding2D(((0,1),(0,1)))(x)
    x=Conv2D(128,kernel_size=3,strides=2,padding='same')(x)
    x=BatchNormalization(momentum=0.8)(x)
    x=LeakyReLU(0.2)(x)
    # 使用全局平均池化代替 Flatten
    x=GlobalAveragePooling2D()(x)
    # 二分类，使用 Sigmoid
    x=Dense(1,activation='sigmoid')(x)
    return k.models.Model(inpt,x)
```

接着搭建生成器。生成网络的输入是一个噪声（一串随机生成的数字），接着与一个全连接层进行全连接，然后就可以进行常规的卷积和上采样操作了，代码如下。

```python
# 搭建生成网络
def gen(inpt):
# 全连接
    x=Dense(32*7*7,activation='relu')(inpt)
    x=Reshape((7,7,32))(x)

    x=Conv2D(64,kernel_size=3,padding='same')(x)
    x=BatchNormalization(momentum=0.8)(x)
    x=Activation('relu')(x)

    x=UpSampling2D()(x)
    x=Conv2D(128,kernel_size=3,padding='same')(x)
    x=BatchNormalization(momentum=0.8)(x)
    x=Activation('relu')(x)

    x=UpSampling2D()(x)
    x=Conv2D(256,kernel_size=3,padding='same')(x)
    x=BatchNormalization(momentum=0.8)(x)
    x=Activation('relu')(x)
    # 回归到单通道
    x=Conv2D(1,kernel_size=3,padding='same')(x)
    x=Activation('tanh')(x)

    return k.models.Model(inpt,x)
```

对比以上两个网络会发现，这两个网络其实是相反的，生成网络是给定一组噪声，通过上采样生成一张图片；而判别网络是给定一张图片，通过下采样生成概率。接着，定义一个函数 train，用来控制训练过程，代码如下。

```
def train(batch_size=128,epochs=10000,nos_len=100):
    # 判别网络
    dis_model=dis(k.Input((28,28,1)))
    dis_model.compile(loss='binary_crossentropy',
        optimizer=k.optimizers.Adam(lr=0.0002),
                    metrics=['acc'])
    # 生成网络
    gen_model=gen(k.Input((nos_len,)))

    # 组合一个新的网络，输入噪声，使用生成网络生成图片
    # 使用判别网络判别图片，输出最终判别结果

    z=k.Input(shape=(nos_len,))
    img=gen_model(z)
#将判别网络设置为不训练状态
    dis_model.trainable=False
    valid=dis_model(img)
    combined=k.models.Model(z,valid)
    # combined.summary()
    combined.compile(loss='binary_crossentropy',
        optimizer=k.optimizers.Adam(lr=0.0002))
```

在开始训练之前，需要将 2 个模型都加载并编译。然后需要组装一个新的模型结构，输入噪声后，经过生成网络生成图片，然后将生成的图片送入判别网络进行判断，输出判断结果，最终的 GAN 模型如图 11-4 所示。注意，这里的判别网络需要设置为不训练状态。

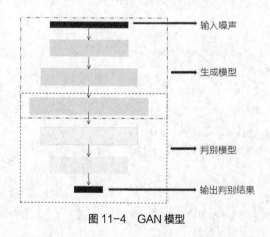

图 11-4　GAN 模型

接着，加载 MNIST 数据集，并组装真假标签，可供判别网络进行训练，代码如下。

```
# 加载数据集
(x_train,_),(_,_)=k.datasets.mnist.load_data()
# 将数据压缩至(-1,1)
x_train=x_train/127.5-1.
x_train=np.array(x_train).reshape(-1,28,28,1)
```

```
# 组装真假标签
true=np.ones((batch_size,1))
fake=np.zeros((batch_size,1))
```

然后，编写训练过程进行训练，代码如下。

```
# 进行训练
for epoch in range(epochs):
    # 随机读取一个 batch_size 的图片数据
    idx=np.random.randint(0,x_train.shape[0],batch_size)
    imgs=x_train[idx]

    # 随机生成一个 batch_size 的噪声
    noise=np.random.normal(0,1,(batch_size,nos_len))
    #使用生成网络生成图片
    gen_imgs=gen_model.predict(noise)

    # 训练判别网络
    d_loss_real=dis_model.train_on_batch(imgs,true)
    d_loss_fake=dis_model.train_on_batch(gen_imgs,fake)
    d_loss=0.5*np.add(d_loss_real,d_loss_fake)
    # 训练生成网络，此时判别网络为不训练的状态
    g_loss=combined.train_on_batch(noise,true)
    print(epoch,d_loss[0],d_loss[1]*100,g_loss)
    if epoch%100==0:
        save_img(epoch,gen_model)
```

最后，定义一个 save_img 函数，将生成的图片进行保存，然后调用 train 函数就可以进行训练了，代码如下。

```
def save_img(epoch,model):
    r, c = 5, 5
    noise = np.random.normal(0, 1, (r * c, 100))
    gen_imgs = model.predict(noise)
    gen_imgs = 0.5 * gen_imgs + 0.5

    fig, axs = plt.subplots(r, c)
    cnt = 0
    for i in range(r):
        for j in range(c):
            axs[i, j].imshow(gen_imgs[cnt, :, :, 0], cmap='gray')
            axs[i, j].axis('off')
            cnt += 1
    fig.savefig("images/mnist_%d.png" % epoch)
    plt.close()
train()
```

11.4 模型训练结果测试

模型训练结果如图 11-5 和图 11-6 所示（分别是第 1 个周期以及第 4000 个周期训练的结果）。对比图 11-5 和图 11-6 可以发现，随着训练周期数量的增加，GAN 生成的图片效果在逐渐变好。

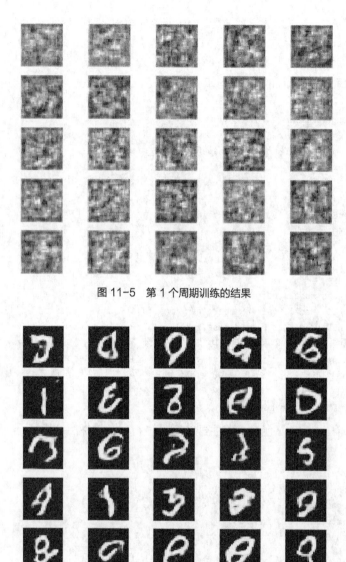

图 11-5　第 1 个周期训练的结果

图 11-6　第 4000 个周期训练的结果

本章小结

　　本章对 GAN 的原理和目标进行了详细讲解，并以 MNIST 数据集作为训练集，复现了 DCGAN，最终生成了手写数字图片。

　　GAN 是无监督学习的一种方法，通过让两个神经网络相互博弈来进行学习，该方法由伊恩·古德费洛等人于 2014 年提出。GAN 由一个生成网络与一个判别网络组成，常用于生成以假乱真的图片。此外，该方法还被用于生成影片、三维物体模型等。虽然 GAN 原先是为了无监督学习提出的，但它也被证明对半监督学习、完全监督学习、强化学习有用。

第 12 章
ACGAN 生成带标签图片

在第 11 章中说到 GAN 应用了对抗思想，它的初衷就是生成不存在于真实世界的数据，也就是让 AI 具有想象力和创造力。

GAN 具有很多种变体。例如，使用噪声，然后通过反卷积生成图片的 DCGAN；可以进行图片超分辨率重建的超分辨率 GAN（Super Resolution GAN，SRGAN）；用来进行图片风格转换的 CycleGAN 等。而本章要实现的是辅助分类器对抗生成网络（Auxiliary Classifier GAN，ACGAN），DCGAN 生成的图片是完全随机、不可控制的，而 ACGAN 可以控制它即将生成的图片样式。简单地说，就是可以通过输入预期生成图片的标签生成对应的图片。

12.1 ACGAN 简介

在计算机视觉领域中，功能分类应用得比较多，而训练分类的前提是收集足够多的各种分类的数据用来训练，但如果数据来源少，无法训练怎么办？

ACGAN 的一个用途就是生成多分类增强数据，只要每种分类数据有 2000 张以上就能进行训练并生成指定分类的数据。ACGAN 的工作原理如图 12-1 所示。

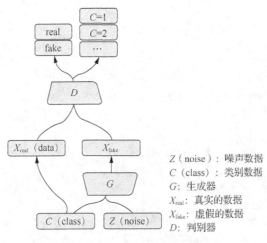

Z（noise）：噪声数据
C（class）：类别数据
G：生成器
X_{real}：真实的数据
X_{fake}：虚假的数据
D：判别器

图 12-1　ACGAN 的工作原理

从图 12-1 中可以看出，ACGAN 与 DCGAN 的不同点如下。

（1）DCGAN 中只有 Z，即将噪声作为输入变量，ACGAN 则多了一个分类变量。

（2）DCGAN 只输出图片的真假判断，而 ACGAN 除了真假判断外还增加了类别判断。

12.2 数据集介绍及处理

本章使用手写数字数据集 MNIST 作为数据集，MNIST 数据集在第 11 章已经有过简短的介绍。MNIST 数据集的处理较为简单，直接在模型训练前处理即可。

12.3 主干网络搭建与训练

通过第 11 章的介绍可以知道 GAN 是由生成网络和判别网络组成的，接下来就先搭建生成网络和判别网络。

首先搭建生成网络。生成网络的输入是一个带标签的随机数，具体操作方式是生成一个 N 维的正态分布随机数，再利用嵌入（Embedding）层将正整数（对应分类索引）转换为 N 维的稠密向量，并将这个稠密向量与 N 维的正态分布随机数相乘，然后将输入的数（噪声）改变形状后利用上采样与卷积生成图像，具体代码如下。

```python
def gen(noise_len=100):
    '''
生成网络：多输入单输出模型。输入图片标签和噪声，输出生成的图片
:param noise_len:
:return:
    '''
    inpt=k.Input((noise_len,))
    label = k.Input(shape=(1,), dtype='int32')
    label_embedding = Flatten()(Embedding(10, 100)(label))
    # 组合 2 个输入
    inp=Add()([inpt,label_embedding])

    x = Dense(32 * 7 * 7, activation='relu')(inp)
    x = Reshape((7, 7, 32))(x)

    x = Conv2D(64, kernel_size=3, padding='same')(x)
    x = BatchNormalization(momentum=0.8)(x)
    x = Activation('relu')(x)

    x = UpSampling2D()(x)
    x = Conv2D(128, kernel_size=3, padding='same')(x)
    x = BatchNormalization(momentum=0.8)(x)
    x = Activation('relu')(x)

    x = UpSampling2D()(x)
    x = Conv2D(64, kernel_size=3, padding='same')(x)
    x = BatchNormalization(momentum=0.8)(x)
    x = Activation('relu')(x)
    # 回归到单通道
    x = Conv2D(1, kernel_size=3, padding='same')(x)
    x = Activation('tanh')(x)

    return k.models.Model([inpt,label], x)
```

接着搭建判别网络。普通 GAN 的判别网络用于根据输入的图片判断出真伪。在 ACGAN 中，其不仅要判断出真伪，还要判断出种类。因此它的输入是一个 28×28×1 的图片，输出有两个：一个是 0~1 的数，1 代表判断这个图片是真的，0 代表判断这个图片是假的；另一个是一个向量，用于判断这张图片属于什么类别，具体代码如下。

```python
def dis():
    '''
    判别网络：单输入多输出结构。输入图片，输出图片真假和标签
    :return:
    '''
    input=k.Input((28,28,1))
    x = Conv2D(32, kernel_size=3, strides=2, padding='same')(input)
    x = LeakyReLU(0.2)(x)
    # x = BatchNormalization(momentum=0.8)(x)
    x=Dropout(0.25)(x)

    x = Conv2D(64, kernel_size=3, strides=2, padding='same')(x)
    x = LeakyReLU(0.2)(x)
    x = Dropout(0.25)(x)
    x = BatchNormalization(momentum=0.8)(x)

    x = ZeroPadding2D(((0, 1), (0, 1)))(x)
    x = Conv2D(128, kernel_size=3, strides=2, padding='same')(x)
    x = LeakyReLU(0.2)(x)
    x = Dropout(0.25)(x)
    x = BatchNormalization(momentum=0.8)(x)

    x=Conv2D(128,kernel_size=3,strides=1,padding='same')(x)
    x = LeakyReLU(0.2)(x)
    x = Dropout(0.25)(x)
    # 使用全局平均池化代替 Flatten
    x = GlobalAveragePooling2D()(x)
    # 二分类，使用 Sigmoid
    x1 = Dense(1, activation='sigmoid')(x)
    # 输出标签
    label=Dense(10,activation='softmax')(x)

    return k.models.Model(input, [x1,label])
```

接下来编写训练函数，思路如下。

（1）随机选取 batch_size 张真实的图片和它的标签。

（2）随机生成 batch_size 个 N 维向量和其对应的标签，利用嵌入层进行组合，传入生成器（Generator）中生成 batch_size 张虚假图片。

（3）判别器（Discriminator）的损失函数由两部分组成，一部分是真伪的判断结果与真实情况的对比，另一部分是图片所属标签的判断结果与真实情况的对比。

（4）生成器的损失函数也由两部分组成，一部分是生成的图片是否被判别器判断为 1，另一部分是生成的图片是否被分成了正确的类别。

具体实现代码如下。

```python
def train(batch_size=128,epochs=10000,noise_len=100):
    dis_model=dis()
    k.utils.plot_model(dis_model, 'dis.png', show_shapes=True)
    # 有2个输出，需要2个损失函数
    dis_model.compile(loss=['binary_crossentropy',
                            'sparse_categorical_crossentropy'],
                optimizer=k.optimizers.Adam(lr=0.0002), metrics=['acc'])

    gen_model=gen()
    # gen_model.summary()
    k.utils.plot_model(gen_model,'gen.png',show_shapes=True)

    # 组合一个新的网络，输入噪声和标签
    # 使用生成器生成图片后，放入判别器生成图片真假判断和标签
    # 使用判别器判别图片，输出最终判别结果
    z = k.Input(shape=(noise_len,))
    label=k.Input(shape=(1,))
    img = gen_model([z,label])
    dis_model.trainable = False
    valid,target_label = dis_model(img)

    combined = k.models.Model([z,label], [valid,target_label])
    combined.compile(loss=['binary_crossentropy',
                           'sparse_categorical_crossentropy'],
                optimizer=k.optimizers.Adam(lr=0.0002))

    # 加载数据集
    (x_train, y_train), (_, _) = k.datasets.mnist.load_data()
    # 将数据压缩到(-1,1)
    x_train = x_train / 127.5 - 1.
    x_train = np.array(x_train).reshape(-1, 28, 28, 1)

    y_train=y_train.reshape(-1,1)

    # 组装真假标签
    true = np.ones((batch_size, 1))
    fake = np.zeros((batch_size, 1))

    for epoch in range(epochs):
        # 随机读取一个batch_size的图片数据
        idx = np.random.randint(0, x_train.shape[0], batch_size)
        imgs ,label= x_train[idx],y_train[idx]

        # 随机生成一个batch_size的噪声，以及一个batch_size的虚假标签数据
        noise = np.random.normal(0, 1, (batch_size, noise_len))
        sampled_labels=np.random.randint(0,10,(batch_size,1))

        # 使用生成器生成图片
        gen_imgs = gen_model.predict([noise,sampled_labels])
```

```
    # 训练判别器
    d_loss_real = dis_model.train_on_batch(imgs, [true,label])
    d_loss_fake = dis_model.train_on_batch(gen_imgs, [fake,sampled_labels])
    d_loss = 0.5 * np.add(d_loss_real, d_loss_fake)
    # 训练生成器，此时判别器为不训练的状态
    g_loss = combined.train_on_batch([noise, sampled_labels],[true,sampled_labels])

    print(epoch, d_loss[0], d_loss[1] * 100, g_loss)
    if epoch % 100 == 0:
        sample_images(epoch, gen_model)
```

最后，编写 sample_images 函数，将生成的图片与标签一一对应，然后保存成图片，代码如下。

```
def sample_images(epoch,model):
    r, c = 2, 5
    noise = np.random.normal(0, 1, (r * c, 100))
    sampled_labels = np.arange(0, 10).reshape(-1, 1)

    gen_imgs = model.predict([noise, sampled_labels])
    gen_imgs = 0.5 * gen_imgs + 0.5

    fig, axs = plt.subplots(r, c)
    cnt = 0
    for i in range(r):
        for j in range(c):
            axs[i, j].imshow(gen_imgs[cnt, :, :, 0], cmap='gray')
            axs[i, j].set_title("Digit: %d" % sampled_labels[cnt])
            axs[i, j].axis('off')
            cnt += 1
    fig.savefig("images/%d.png" % epoch)
    plt.close()
train()
```

12.4 模型训练结果测试

图像训练结果如图 12-2 和图 12-3 所示（分别是第 1 个周期以及第 9900 个周期训练的结果）。对比图 12-2 和图 12-3 可以发现，随着训练周期数量的增加，ACGAN 生成的带标签图片的效果越来越好。

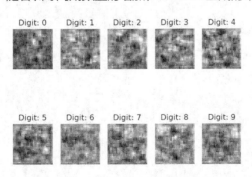

图 12-2　第 1 个周期训练的结果

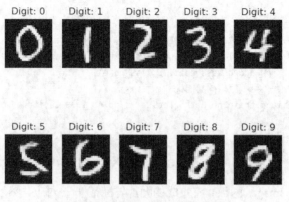

图 12-3　第 9900 个周期训练的结果

本章小结

　　本章对 ACGAN 与 DCGAN 进行了简单对比，并使用 MNIST 数据集作为训练集，复现 ACGAN，最终生成了带标签的手写数字图片。

　　总体来说，普通的 GAN 输入的是一个 N 维的正态分布随机数，而 ACGAN 会为这个随机数添加标签，其利用嵌入层将正整数（索引）转换为固定尺寸的稠密向量，并将这个稠密向量与 N 维的正态分布随机数相乘，从而获得一个有标签的随机数。与此同时，ACGAN 将深度卷积网络带入存在标签的 GAN 中，可以生成更加高质量的图片。